体外预应力钢丝绳加固RC梁受剪性能的研究

黄 巍 著

科学出版社

北 京

内 容 简 介

本书系统介绍了体外预应力钢丝绳加固钢筋混凝土梁（RC梁）的抗剪加固机理及方法。首先介绍了损伤梁加固的技术方法、加固效果，分析了静载作用下梁体设计参数、损伤程度、带载水平等因素对加固梁抗剪承载力的影响并提出了影响规律；然后对钢筋混凝土梁的各类影响因素下的静载工况进行了仿真模拟及数值分析，提出了仿真分析方法；最后利用遗传算法对加固梁抗剪承载力结果进行了统计分析，提出了体外预应力钢丝绳加固钢筋混凝土梁抗剪承载力计算的数学模型，并利用钢筋混凝土实梁进行了对比验证。

本书可作为从事土木工程和交通运输工程等领域的工程设计、科学研究人员的参考用书，也可供上述专业的本科生及研究生学习、参考。

图书在版编目(CIP)数据

体外预应力钢丝绳加固 RC 梁受剪性能的研究/黄巍著. —北京：科学出版社，2022.12

ISBN 978-7-03-073496-9

Ⅰ.①体… Ⅱ.①黄… Ⅲ.①体外预应力-钢丝绳-加固-钢筋混凝土梁-受剪承载力-研究 Ⅳ.①TU375.1

中国版本图书馆 CIP 数据核字（2022）第 193539 号

责任编辑：戴 薇 李程程 / 责任校对：王万红
责任印制：吕春珉 / 封面设计：东方人华平面设计部

科学出版社 出版
北京东黄城根北街 16 号
邮政编码：100717
http://www.sciencep.com

北京九州迅驰传媒文化有限公司 印刷
科学出版社发行 各地新华书店经销

*

2022 年 12 月第 一 版 开本：787×1092 1/16
2022 年 12 月第一次印刷 印张：8 1/4
字数：196 000
定价：75.00 元
（如有印装质量问题，我社负责调换〈九州迅驰〉）
销售部电话 010-62136230 编辑部电话 010-62135319-2030

前　　言

随着我国经济和社会的快速发展，大量旧有桥梁的维修加固问题日益突出，在诸多桥梁加固方法中，体外预应力加固技术以其中断交通时间短、施工简便、经济高效、加固效果好等优点，被广泛用于旧有桥梁加固施工中。在现有的损伤桥梁中，梁端受剪破坏是一种常见的破坏形式，主要表现为主拉应力裂缝数量多、宽度超限、斜裂缝向跨中发展等，严重影响桥梁结构的安全。造成桥梁受剪破坏的原因主要有抗剪承载力不足、材料性能退化、车辆超载等。目前，抗剪加固方法主要有粘贴钢板、粘贴高强复合材料、增大截面积及施加体外预应力等。其中前3种方法均属于被动加固，只有施加体外预应力法属于主动加固。施加体外预应力法经常与抗弯加固法配合作用，效果良好，但需设置转向块，构造复杂，施工烦琐。

钢丝绳体外预应力加固是指在损伤梁的受剪区采用预应力钢丝绳进行环绕非封闭锚接，使其发挥类似箍筋的抗剪作用，进而提高既有桥梁中损伤梁的极限承载力，延长桥梁使用寿命。此种加固方法采用分散的钢丝绳进行加固，预应力分散布置，吨位小，锚固简便，不需要转向装置，施工方便，是一种新的抗剪加固方法尝试。钢丝绳体外预应力加固可为旧有混凝土桥梁及部分大跨径预应力混凝土桥梁普遍存在的斜裂缝加固提供新的途径，以改善桥梁受力状况，保证桥梁运营安全，延长桥梁的使用寿命，并带来明显的直接及间接经济效益。

笔者自2008年开始对采用体外预应力钢丝绳加固的钢筋混凝土梁（RC梁）的受剪性能进行系统研究，在十余年的研究工作中，通过理论研究及试验，分析了RC梁的受剪作用机理，描述了RC梁在设计方法、荷载方式等因素影响下的受剪状态，获得了在设计参数、加固方法及荷载方式变化下，加固梁极限状态的变化规律。本书为上述研究工作的总结。

本书从简支梁受剪作用机理出发，系统论述了不同影响因素条件下体外预应力钢丝绳加固RC梁在静载作用下的力学状态。其中第1章简要介绍了钢筋混凝土结构抗剪加固的原因和必要性、桥梁抗剪加固的方法、加固梁抗剪承载力计算方法及国内外发展现状；第2章描述了体外预应力钢丝绳加固RC梁的施工方法及加固机理；第3章通过对加固RC梁受剪作用下试验数据的系统分析，获得了在设计参数即纵筋配筋率、配箍率、混凝土强度、剪跨比、布筋间距、体外钢丝绳预应力水平、损伤程度、带载水平等因素影响下，加固RC梁混凝土、钢筋、体外钢丝绳等材料的力学响应规律及破坏状态；第4章主要阐述了非线性有限元计算原理及应用，介绍了RC梁的有限元仿真分析理论，为第5章建立非线性有限元模型奠定理论基础；第5章详细介绍了体外预应力钢丝绳加固RC梁非线性有限元模型的建立过程；第6章对加固RC梁受力试验的试验数据及数值分析结果进行汇总，阐述了大样本情况下加固RC梁的混凝土强度、纵筋配筋率、配箍率、体外钢丝绳间距、剪跨比、体外钢丝绳预应力水平、损伤程度和带载水平 8 个因素对抗剪承载力的影响；第 7 章从损伤力学的角度系统介绍了混凝土损伤的原因及分类，从断裂力学的角度阐述了 RC 梁裂缝的分类及模型，并详细介绍了试验中损伤、带载加固梁的仿真模拟方法；第 8 章系统介绍了遗传算法的基本原理，阐述了加固 RC 梁抗剪承载力计算的数学模型的建立过程；第 9 章在考虑加固 RC 梁损伤和带载条件下分析抗剪承载力的计算方法，提出体外预应力钢丝绳加固 RC 梁的加固机理可以用桁架-拱模型来模拟和解释，提出承载力计算方法的数学模型，并通过与试验梁数据对比验证数学模型的有效性。

　　本书中的研究内容先后获得了黑龙江省地下工程技术重点实验室项目基金、哈尔滨学院青年博士科研启动基金等多方支持。在长期的研究进程中，笔者的博士生导师于天来教授给予了重要支持和帮助，笔者的学弟们也做出了诸多贡献，在此对他们表示衷心的感谢！

　　本书中的各项研究用于哈尔滨学院土木工程专业的本科教学中。虽然我们做出了很多努力，经过反复推敲、修改，但由于桥梁损伤与加固问题的复杂性，本书所研究的加固方法及理论仍有诸多问题需要研究完善，因此，期待各位读者的建议与批评。

目　录

第1章 绪 论

桥梁在交通运输和社会经济发展中发挥着重要作用,对确保交通顺畅、保证行车安全至关重要。近年来,随着社会的快速发展、工业化水平的迅速提高,社会需求对交通运输能力提出了更高要求,车辆的载重、车速、车流量都大幅提高,导致很多桥梁在使用过程中存在超限超载、超期服役等问题,使桥梁在使用期内产生一系列病害,如梁体出现斜裂缝、钢筋锈蚀等。这些病害严重威胁着桥梁结构的安全性、适用性及耐久性,降低了桥梁的承载能力和使用期限,严重威胁行车安全。

20世纪70~90年代,我国桥梁处在建设初期,当时的设计标准大多参照苏联标准,设计标准较低,主要设计荷载为汽车-13级、验算荷载为拖车-60级,甚至更低的标准,这些桥梁数量大、材料老化严重、超限超载现象严重、破损严重。20世纪90年代后修建的桥梁由于设计交通荷载不足、冬季去冰盐的过度使用、交通流量增长迅速等原因,桥梁结构承载能力不足、耐久性降低,导致近年来各地危桥、旧桥数量逐年快速上升。我国因桥梁耐久性不足、设计施工缺陷、超限超载等因素导致桥梁承载能力丧失而垮塌的事故频频发生,如1999年1月重庆市綦江县(今綦江区)彩虹桥整体倒塌,2001年11月四川省宜宾市小南门金沙江大桥悬索及桥面部分断裂,2009年6月黑龙江省铁力市西大桥垮塌,2011年7月福建武夷山市的武夷山公馆大桥垮塌,2012年8月江西省抚州市广昌县河东大桥坍塌,2017年4月浙江省杭州市萧山区工人路高架桥西侧非机动车道侧翻,2020年11月天津南环铁路桥坍塌等一系列重大事故,严重威胁着人民群众的生命财产安全。

据中国交通运输部数据显示,2015年按使用年限分我国公路危桥数量全国总计达到76483座(不含港澳台),如表1-1所示,其中排名前五的省份分别是河南、江苏、湖北、黑龙江、江西;排名第一的河南12465座,比排名第三的湖北超出38.8%。

表1-1 2015年按使用年限分我国公路危桥数量统计表(不含港澳台)

地区	危桥数量/座	地区	危桥数量/座
北京	26	湖北	8980
天津	1	湖南	1857
河北	3469	广东	980
山西	759	广西壮族自治区	763
内蒙古自治区	2771	海南	473
辽宁	1013	重庆	762
吉林	1003	四川	1538
黑龙江	6125	贵州	2341

续表

地区	危桥数量/座	地区	危桥数量/座
上海	52	云南	1545
江苏	10184	西藏自治区	1522
浙江	773	陕西	973
安徽	2195	甘肃	1170
福建	637	青海	290
江西	5348	宁夏回族自治区	290
山东	4545	河南	12465
新疆维吾尔自治区	1633	总计	76483

结合我国经济发展状况及交通实际,对现有交通设施进行全部拆除改建并不现实,为了在有限的经济基础下满足逐步增长的交通运载需求,使桥梁加固投入更少、安全性更高、可操作性更强,更大限度地延长现有桥梁的使用寿命,解决危桥、旧桥问题,旧桥加固可为一个经济高效的好办法。其能够在目前经济条件下最大限度地满足加固要求,是解决问题的主要办法,也是近年来专家学者努力研究的重要课题。

近年来,我国的专家学者将桥梁加固作为亟待解决的重要课题开展了诸多研究工作。随着旧桥改造任务的不断加重,人们急于寻找一种安全、高效的维修加固办法。随着材料工业的快速发展,新型材料的出现给桥梁加固技术的提高和发展提供了广阔空间,许多国内外的新型材料受到了人们的青睐。这些材料能够更大程度地增加结构的承载力,提高结构刚度,如碳纤维、高强度结构胶、镀锌钢丝绳等。镀锌钢丝绳加固方法作为一种创新材料和技术的综合应用方法虽在我国尚未得到广泛应用,但为我国的旧桥加固技术带来了创新元素。

1.1 钢筋混凝土结构抗剪加固的原因和必要性

1.1.1 我国桥梁特点

1. 现有桥梁总数庞大

新中国成立初期,我国包括公路、铁路、城市道路等在内的交通运输基础设施均开始逐步恢复建设,由于我国国土面积大、人口数量大,人员居住分散,所需交通基础设施建设网络庞大,而桥梁作为交通运输的重要组成发挥着不可替代的作用。据不完全统计,截至 2016 年年底,我国拥有公路桥梁接近 80.53 万座,其他水利、铁路、林区公路桥梁及城市交通隧道等大中小桥梁超过 100 万座。部分公路桥梁因其设计标准、施工质量、桥梁类型等不同,存在诸多安全和使用问题。

2. 桥梁类型单一

（1）建筑材料单一

我国现有桥梁大多为混凝土结构，混凝土因其材料使用年代早、造价低廉、可用于水下施工、方便施工和养护、使用年限长等原因，被广泛运用到我国公路桥梁建设工程中。目前我国钢筋混凝土和预应力混凝土结构桥梁占桥梁总数的 80%～90%。混凝土材料以其抗压能力强、耐久性强、结构稳定、可工业化生产等优点，成为目前我国建筑、公路、桥梁等土木工程结构的主要材料。由于混凝土结构使用期限一般需要达到几十年甚至上百年，经历不同气候条件、化学侵蚀、疲劳负荷、超限超载等工作条件后，混凝土结构会受到不同程度的损伤，如内部微裂、局部压碎、梁体开裂等。虽然我国经济建设发展迅猛，但对大多数处于"中老年"服役期的桥梁，为了保证在安全的前提下延长其使用寿命，最能够节省时间、降低造价的方法就是对旧有混凝土桥梁进行维护加固。

（2）结构类型单一

目前我国桥梁以梁式结构居多。新中国成立初期至 20 世纪 80 年代，由于我国工程技术相对落后，高科技人才匮乏，按照当时的桥梁设计、施工技术水平很难修建施工难度高、材料复杂的新型桥梁，只能修建 T 梁桥、箱梁桥、空心板梁桥等类型桥梁，结构相对简单，造价低廉，对设计和施工技术要求不高。20 世纪 90 年代后，随着科技快速发展和工程技术进步，我国能够完成各种高尖端类型桥梁的设计施工，但由于梁式桥的数量庞大，仍然在我国桥梁类型中占重大比例。

3. 待加固桥梁存在的问题

（1）设计标准低

20 世纪 70 年代以前，由于科技发展缓慢和工程技术水平不高，按照当时的桥梁规范设计的桥梁大多采用汽-15 或汽-20 荷载等级标准，荷载等级过低，加固维护方法和技术水平有限，致使在使用过程中产生的病害或破损得不到准确检测和及时维修加固；而这部分桥梁目前大部分仍在继续服役，建设基础的薄弱造成加固维护困难是这部分桥梁使用受限的主要原因。

（2）混凝土强度标准低

我国目前 C20、C30 强度等级的混凝土强度相当于 20 世纪 90 年代以前使用的 C40、C50 强度等级的混凝土强度，即新型混凝土的强度比旧标准的混凝土强度高出 40%。对比之下 20 世纪 90 年代以前的部分桥梁承重构件的承载能力不足，而这部分正在使用的桥梁同样在抵御洪流、酸化侵蚀等自然作用，并且随着近年来交通流量的增加，这部分桥梁的承载能力也正在承受着严峻的考验。

（3）主梁受力大

主梁作为整座桥梁的主要受力构件，直接承受车轮荷载，由于桥梁本身建设标准和材料标准低，加之使用年限长，在同等荷载作用下，主梁产生的破坏明显高于其他结构构件，如主梁出现裂缝、挠度增加明显等。因为我国危桥中大部分是钢筋混凝土梁式桥，主梁是直接受弯构件，所以主梁是桥梁维修加固的重点部位。

（4）危险和超期服役桥梁多

20 世纪 80 年代以前，我国经济发展比较滞后，而对公路桥梁的需求却日益增大，在这种技术水平低、需求量大的前提下，满足刚需是当时桥梁建设的主要指导思想，因此在全国各地相继大量建设了各种规模和类型的桥梁，以满足当时的经济发展和人们的生活需要。由于当时设计标准低、技术水平低、桥梁建设远景发展考虑不足等因素，造成一些结构单一、施工方法落后、质量低下的桥梁诞生；加之近年来交通流量的猛增，致使这些桥梁不堪重负，更使一些旧桥危桥雪上加霜。

目前，我国约有 20% 的桥梁为 20 世纪 80 年代之前修建，这些桥梁的使用年限均在 50 年左右，更有一部分桥梁已经处于超期服役阶段，致使部分桥梁结构内部的钢筋和混凝土已经达到自身强度极限。但这种使用状态在短时间内无法改变，意味着这部分旧桥在今后一段时期内仍然继续使用，造成了极大的安全隐患。所以，对这部分桥梁进行维护改造显得尤为重要。图 1-1 为仍在使用中的危桥。

图 1-1　仍在使用中的危桥

1.1.2　桥梁常见病害

目前，我国桥梁的主要病害包括基础病害、墩台病害和主梁病害等，这些病害分布在桥梁的基础、下部结构和上部结构等结构中。桥梁病害的产生与桥梁自身状况、交通流量、使用状况及自然条件等因素有关，下面具体介绍这些病害产生的主要原因[1]。

1. 基础病害、墩台病害

基础病害包括基础下沉、断裂、外露、破损和移位等，由于桥梁基础承担着桥梁整体的自重，因此它是桥梁与地基之间的主要荷载传递结构，是保证桥梁稳固、结构安全的重要组成部分。基础病害产生的主要原因是地基不均匀沉降、地基不稳定、水流冲刷和水平推力过大、基础强度不足等。

墩台病害包括墩台失稳、破损、断裂、露筋等，墩台病害产生的主要原因是基础下沉、结构强度不足、上部荷载过大，以及空气中腐蚀性气体、水流的侵蚀等。图 1-2～图 1-4 为墩台常见病害。

图 1-2 墩台失稳

图 1-3 桥台开裂

图 1-4 桥墩倾斜、变位、开裂

2. 主梁病害

主梁病害主要有裂缝过大、梁中挠度过大、露筋或主梁面板出现空洞等病害,主梁病害产生的主要原因是桥梁设计标准过低、使用年限长、材料老化等。主梁是桥梁结构重要的承重结构构件,它是保证交通运输正常通行的重要部分,是保证行车安全的直接构件,也是桥梁维修加固的重点结构构件。据不完全统计,截至 2019 年,我国危桥数量已经超过 10 万座,其中梁端抗剪能力不足导致的桥梁损伤占有较大的比例。因此,对桥梁抗剪能力加固成为交通领域的重要课题。

主梁病害主要表现为跨中挠度过大、底板开裂、靠近支点或跨中腹板开裂、齿板区域开裂、箱梁顶板渗水、钢筋锈蚀、支座剪切破坏、支座脱空锁死等,图 1-5~图 1-8 为主梁病害的一些典型表现。

图 1-5　栏杆、翼板揭示跨中下挠严重

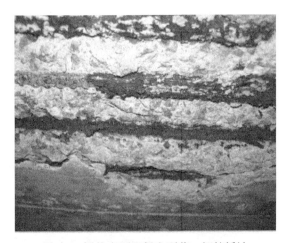

图 1-6　梁体表面混凝土剥落、钢筋锈蚀

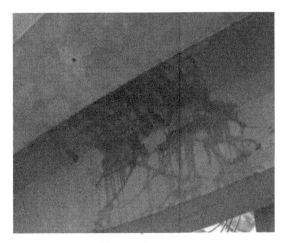

图 1-7　腹板开裂

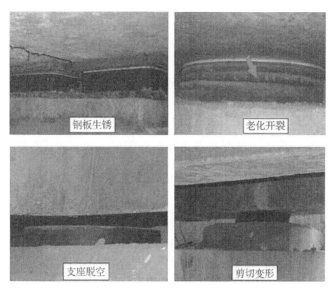

图 1-8 支座病害

1.2 抗剪加固研究现状

在桥梁的安全普查中,发现在全国范围内的钢筋混凝土肋梁桥普遍存在斜裂缝,有相当一部分大跨度预应力混凝土箱梁桥也出现了较为严重的腹板斜裂缝。产生斜裂缝的原因复杂,有设计原因、施工原因,也有原设计标准较低、超载严重的荷载因素,以及随着使用年限的增加,材料老化、炭化等因素。这些斜裂缝的存在,加之空气中的腐蚀性气体的长期作用,使钢筋逐渐锈蚀,结构的耐久性降低,结构存在安全隐患。因此,研究施工方便、加固效果好、成本低的抗剪加固方法,改善现有桥梁的技术状况,提高结构的抗剪承载能力及耐久性,延长结构的使用寿命,具有重要的研究价值。

1.2.1 抗剪加固方法

目前,桥梁上部结构抗剪加固方法主要有增大截面加固法、粘贴钢板加固法、粘贴高强复合材料加固法、体外预应力加固法及改变结构受力体系法[2]。

1. 增大截面加固法

增大截面加固法的核心是通过增大混凝土结构构件的截面面积来提高结构承载力,确保桥梁正常使用,主要做法是加大 RC 梁的截面尺寸,增加受力箍筋,提高截面的抗剪能力,从而提高 RC 梁的抗剪能力。这种方法施工工艺简单、技术成熟、后期养护方便,因此被广泛运用,在工程实例中多采用该方法。这种方法的缺点是会造成梁体自重变大,且湿作业时间长、中断交通时间长、梁底作业困难、结构自重变大。

2. 粘贴钢板加固法

粘贴钢板加固法的核心思想是利用结构胶将钢板粘贴在构件的薄弱部位，以达到提高构件强度和承载力的目的。其因施工快速、技术简单，是近几年运用较多的加固技术。其缺点是粘贴的钢板不能很好地进行防锈处理，而且由于胶体与混凝土的膨胀系数不同，因此产生的温差次内力很容易使混凝土和胶体剥离，导致加固失效，并且胶体容易受到雨水侵蚀而老化，也会造成材料剥离现象；加固时需要螺栓锚固以防止钢板剥离，造成原结构破坏。

3. 粘贴高强复合材料加固法

20 世纪 80 年代，欧洲引入了一种材料轻便、施工便捷、加固效果良好的新的加固方法，即在待加固构件上粘贴纤维增强复合材料，以提高结构的强度和承载力。迪亚斯和巴罗斯通过 9 根试验梁采用表面嵌贴法和 3 根试验梁采用表面粘贴法进行了对比，得出表面粘贴法比表面嵌贴法更能充分利用材料的结论。孙达拉贾和拉贾莫汉采用侧斜向粘贴玻璃纤维增强聚合物基复合材料（glass fiber reinforced polymer composite，GFRP）的加固方式，研究了 GFRP 抗剪加固方法的有效性，同时分析了 GFRP 粘贴的形式和宽度对加固后梁体的抗剪承载力的影响。同济大学采用 GFRP 抗剪加固法对 RC 梁进行了抗剪加固试验，提出了 GFRP 加固 RC 梁的抗剪承载力计算方法；同年，又对采用绕直丝加固法的 RC 梁进行了抗剪试验研究，提出了混凝土受约束状态斜截面抗剪加固的计算方法。我国从 1997 年开始研究和应用这种材料和工艺，目前已经完成了多个加固桥梁实例，并积累了较为丰富的施工技术经验。然而粘贴高强复合材料加固法存在与粘贴钢板加固法相同的缺点，即容易造成粘贴材料从混凝土结构剥离的后果，直接导致加固失败。

以上 3 种方法都属于被动加固方法，存在二次受力问题，即只有当加固结构进一步形变时，加固材料才参与受力，并且对加固后的实际效果无法进行预测和量化。

4. 体外预应力加固法

体外预应力加固法的核心思想是通过增设体外预应力索装置对原结构施加主动预应力进而提高梁体承受荷载能力。20 世纪 90 年代，东南大学吕志涛等人对体外预应力加固混凝土梁式构件的抗剪性能进行了试验研究，研究了预应力钢丝绳加固 RC 梁的抗剪加固效果和受力性能，提出了预应力的设计计算方法。但这种传统的体外技术存在吨位大、施工不方便等缺点。

体外预应力钢丝绳抗剪加固技术是一种减小原结构斜截面应力、提高梁体抗剪能力的新技术。该技术的主要优势体现在如下几个方面。

1）体外钢丝绳的耐久性强。由于钢丝绳表面有一层镀锌层，所以其具有较高的耐蚀性和耐久性，即便受到空气、雨水、雾霾等因素影响，也能够保持完好，确保发挥加固效果。

2）对原结构构件无影响。由于钢丝绳体积、质量小，对加固构件的质量和尺寸面积基本没有影响。

3）体外钢丝绳施工安装简便。钢丝绳的形态可塑性很强，张拉预应力更加方便，所以基本适用于任意空间的施工作业。

4）节能环保，廉价高效。钢丝绳是一种比较普通常规的建筑材料，加工简便，规格可控可调，并且在施加预应力和锚固施工阶段无噪声、无污染，不需要特殊装置设备，施工方便快捷。

5）材料适用性强。除可以对桥梁进行维修加固以外，还可以对民用、工业建筑的梁、柱加固，同样适用于全预应力的大跨径结构，并且这种加固技术直接高效，加固后可立即实现加固效果。

6）力学性能明显。在受载状况下，体外钢丝绳能和钢筋发挥较好的协同作用，充分发挥其强度，满足结构的变形要求。

基于以上优点，我国专家学者对体外预应力钢丝绳抗剪加固技术进行了系统研究。

长安大学黄华等对高强不锈钢绞线网-渗透性聚合物砂浆加固的 9 根矩形 RC 梁进行抗剪性能试验研究，研究了加固方式、固定螺栓数量、间距及二次受力等因素对加固构件刚度和裂缝的影响规律。

东南大学吴刚、吴剑彪等人对预应力高强钢丝绳抗剪加固 RC 梁的效果进行了初步探讨，结果表明采用该技术对抗剪加固是有效的。

东北林业大学于天来教授团队对体外预应力钢丝绳加固 RC 梁进行了系统的试验研究，系统地分析了未加固梁（以下简称原梁）设计参数（如材料强度、材料用法用量）及体外参数（如梁体损伤情况、恒载情况）等对抗剪加固效果的影响。

迄今为止，体外预应力钢丝绳抗剪加固技术在旧有桥梁加固中的应用还存在一定问题，如加固后梁的裂缝宽度的计算、不同损伤程度的梁加固后抗剪承载能力的计算方法、加固梁的刚度计算等问题，还需对这些问题进行深入的研究。图 1-9 为采用该技术对韩国某桥梁进行加固。

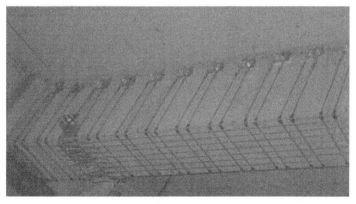

图 1-9　采用体外预应力钢丝绳抗剪加固技术加固韩国某桥梁

1.2.2　抗剪承载力计算方法研究现状

1900 年至今，国内外多位研究人员对钢筋混凝土的剪切破坏进行了深入细致的研究探讨，并推导出多种计算模型。下面具体介绍关于抗剪承载力的研究情况[3]。

1. 古典桁架理论

19 世纪末，德国学者里特率先运用平行弦桁架模型来模拟钢筋混凝土构件的破坏机理。他认为斜拉应力的作用是混凝土斜裂缝开裂的主要原因，并以剪跨区混凝土的斜裂缝开裂角度为 45°，上弦、下弦、斜压杆分别是混凝土、纵向布置钢筋和箍筋为基本假设，建立了桁架模型，如图 1-10 所示。这种桁架模型的优点是计算方便，缺点是没有考虑混凝土的抗剪作用，计算结果并不准确。

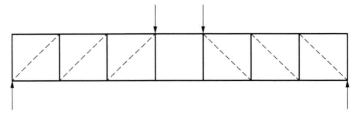

图 1-10　里特古典桁架模型

伦哈特等人对古典简单桁架模型中存在的不足进行了修正，建议将古典桁架模型的上弦压杆看作倾斜的，因此混凝土斜向受压杆与纵筋的角度也随之改变，计算简图如图 1-11 所示。这种桁架模型通过结构力学平衡条件求解杆件内力，根据混凝土材料的剪切破坏原则求得每个杆件的内力，计算非常方便。但因其没有考虑混凝土的抗剪作用和变形协调条件，所以实用性不强。

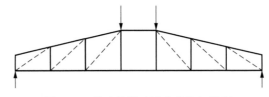

图 1-11　伦哈特的改进古典桁架模型

2. 压力场理论

1929 年，德国工程师瓦格纳提出拉应力场理论，即通过钢筋和混凝土的变形计算压应力倾角。多伦多大学科林斯提出了压力场理论（compression field theory，CFT），基于忽略混凝土的拉应力、骨料咬合作用及钢筋的销栓作用的基本假设，并且将开裂后钢筋混凝土构件视为线弹性材料。这种计算方法的缺点是材料特性考虑过于简单，如忽略开裂后混凝土的拉应力等，计算结果并不理想，尽管在 1986 年，韦基奥和科林斯对此种方法进行了修正，修改了主应力方向的本构关系，但用此种方法计算非常复杂，并不适用于工程应用。

3. 软化桁架模型

20 世纪 90 年代中期, 美国休斯敦大学徐增全等研究人员基于钢筋混凝土膜单元试验推导了受剪和受扭的荷载计算模型, 该模型提出后, 经过长期的理论分析和实践总结, 最后发展为软化桁架理论。贝拉尔比和庞晓波基于钢筋混凝土的变角软化桁架模型分析了混凝土和钢筋的本构关系, 但此方法得出的计算模型较为复杂, 应用不便。两年后, 庞晓波和徐增全为了更加合理地反映混凝土抗剪强度, 提出了固定角软化桁架模型, 该模型的核心思想是将混凝土的应力应变通过裂缝发展方向体现出来, 该模型与徐增全提出的模型类似。

4. 桁架-拱模型

20 世纪 80 年代末期, 日本建筑协会推导出了桁架-拱模型来计算钢筋混凝土结构的承载力。其基本假设是认为钢筋混凝土结构的抗剪承载力是由桁架作用叠加拱的作用形成的, 将两者的抗剪承载力进行叠加即钢筋混凝土的抗剪承载力, 并推出了承载力计算公式。几年之后, 我国郑州大学刘立新教授也推导了桁架-拱模型的计算公式, 但公式计算起来非常复杂, 并不十分实用。

5. 塑性理论

尼尔森在 1984 年运用塑性理论对钢筋混凝土结构的抗剪承载力进行了分析探讨, 其基本假设是钢筋为刚塑性材料, 忽略箍筋和主筋的剪力作用, 忽略钢筋和混凝土之间的销栓作用, 提出了建立在相应破坏机构下的极限荷载计算公式。黄侨基于尼尔森的基本假定, 推导了 RC 梁的剪力计算模型, 通过对能量守恒定理的正确使用, 采用运动学方法推导了钢筋混凝土结构剪切破坏模型并验证了该模型的合理性。

6. 统计分析法

目前, 我国使用的钢筋混凝土结构抗剪强度计算公式大多是半经验半理论公式, 钢筋和混凝土两种材料的力学复杂性决定了钢筋混凝土结构受力分析的不准确性, 国外诸多专家学者提出了多个抗剪承载力计算模型, 但其破坏机理复杂且规律性不强致使模型的实用性不强, 而通过大量试验分析总结出的经验公式能够更好地反映钢筋混凝土结构力学变化, 所以, 直到今天经验公式仍占有重要位置, 有较强的实用性和适用性。经验公式主要依据大量试验数据运用回归的方法进行统计分析得出, 巴赞特于 1984 年提出了经验公式, 随后国外诸多学者也都基于回归的方法提出了多个经验统计公式, 这些公式的主要优势是结构简单、计算方便、具有一定可靠度。但由于半经验半理论公式建立的物理基础和基本假设均不同, 都为各自的材料特性考虑, 所以在理论上缺乏统一性。

7. 非线性有限元分析方法

随着非线性有限元理论的发展和普及, 尤其在工程应用方面的快速长足发展, 有限元方法已经成为专家学者常用的分析钢筋混凝土受力关系的有力工具。无论结构和受力多么复杂, 有限元方法均能将其划分成有限个单元和总体集成, 并能够与引入的材料本构关系对其结构构件进行力学分析。巴赞特等基于非线性有限元理论提出了混凝土的钝裂缝带模型，这一做法成功地将弥散裂缝融入有限元分析方法中，进而解决了包括混凝土本构关系、混凝土与钢筋黏结滑移及裂缝的模拟等诸多问题。

1.3　本书基本观点

受剪破坏是主梁破坏的主要形式之一，针对这一问题，本书采取体外预应力钢丝绳对 RC 梁进行抗剪加固，通过抗剪试验及有限元仿真分析，对体外预应力钢丝绳加固 RC 梁的抗剪性能进行了较为系统的研究，总结研究结果，提出以下观点。

1）体外预应力加固 RC 梁的受剪力学行为可以用桁架-拱模型进行模拟，并且解释其受力和破坏机理。体外钢丝绳与箍筋的作用机理相似，可被视为受拉腹杆，体外钢丝绳加固相当于增设了体外箍筋，但钢丝绳在发挥抗剪加固作用的过程中，有一些优点是箍筋无法做到的。例如，体外钢丝绳可以在梁体已经产生损伤的情况下进行增设加固，并且能够立即进行主动加固，限制裂缝发展，在箍筋尚未达到屈服之前对其进行保护；在钢筋屈服之后仍能发挥抗剪作用，从而使其他箍筋也能够最大限度地参与抗剪，提高箍筋的利用率；钢丝绳属于软钢，具有较高的变形能力，能够与整体梁的变形协调一致，能够有效减少梁体的突然破坏。

2）通过试验发现，体外预应力钢丝绳抗剪加固可有效推迟原梁开裂，加固后梁的开裂荷载得到明显提高，幅值在 23.08%～58.33%；减少了体内箍筋的应变，延迟屈服，限制裂缝的发展；提高了钢筋混凝土简支梁的抗剪承载力，幅值在 2.86%～43.24%。

3）钢筋混凝土梁的设计参数如混凝土强度、纵筋配筋率、配箍率、剪跨比、体外钢丝绳间距、体外钢丝绳预应力、损伤程度、带载水平等对加固效果均有不同程度的影响，其影响效果如下。

① 随着加固梁混凝土强度的增加，加固梁的抗剪承载力呈线性增长。

② 随着加固梁纵筋配筋率的增加，承载力呈非线性增长，且增长比例不断提高。

③ 当纵筋配筋率小于 0.5 时，随着配箍率的增加，加固梁的抗剪承载力不断提高；当纵筋配筋率大于 0.5 时，承载力几乎不再提高。

④ 当剪跨比小于 2.5 时，随着剪跨比的增大，加固梁的抗剪承载力减小；当剪跨比大于 2.5 时，剪跨比与抗剪承载力的关系曲线接近于水平直线，承载力不再随着剪跨比的增加而提高。

⑤ 随着体外钢丝绳间距的增加，加固梁的抗剪承载力不断降低，且呈线性变化；随着体外钢丝绳预应力的增加，承载力有所提高，但不是特别明显。

⑥ 当损伤程度在 50%时，加固效果比较明显，随着损伤程度的增加，加固梁的抗剪承载力提高程度未见明显降低，说明随着损伤程度的增加，裂缝宽度随之增加，注胶加固效果发挥作用更加充分，所以加固效果依然稳定。

⑦ 随着带载水平的增大，加固梁的抗剪承载能力逐步减小，即加固效果的提高程度逐渐降低。

4）基于通用软件 ANSYS 建立的非线性有限元仿真模型能够很好地模拟体外预应力钢丝绳加固混凝土梁的抗剪加固受力过程，并能获得准确剪力计算结果，预测加固效果，计算误差在 8%～10%。其中 Solid65 单元为混凝土梁体模型最适用的单元模型；link8 可以模拟钢筋拉、压等力学行为，并具备生死单元功能，这对在工程上实现倒序施工非常实用；模拟混凝土损伤可以用本构关系进行描述，Solid65 单元可以依据混凝土应力-应变关系描述并输出混凝土的损伤和开裂单元；裂缝注胶的胶体可以通过改变单元力学参数来模拟；体外预应力钢丝绳的预应力模拟可以用等效荷载法在荷载步中实现。

5）因为既有桥梁始终处于损伤和带载状态，所以梁体的损伤程度和带载水平是影响加固效果的重要因素。为量化其影响程度，在对加固梁的承载力进行数值分析时，在既有数学模型中提出了考虑钢筋发挥程度、带载水平和损伤因素的 3 个调整系数 η_1、η_2、η_3。η_1 取 1.0。当损伤程度在 50% 以下时，视为对加固梁抗剪承载力无影响，损伤程度调整系数 η_3 取 1.0；当损伤程度在 50%～70% 时，损伤程度调整系数 η_3 取 0.8；当损伤程度在 70% 以上时，损伤程度调整系数 η_3 取 0.85。当损伤程度为 70%，带载水平在 50% 以下时，η_2 取 1.0；当带载水平在 50%～70% 时，η_2 取 0.9；当带载水平在 70% 以上时，η_2 取 0.8。经对比发现，考虑带载水平和损伤程度调整系数的数值计算结果与实际加固梁极限承载力结果基本吻合，新的剪力计算模型具有一定的实用性。

1.4 本章小结

本章介绍了我国危桥现状以及桥梁加固的重要性；阐述了抗剪加固研究现状、技术特点及常用的桥梁加固方法；简要概括了钢筋混凝土结构抗剪承载力的计算方法，提出了体外预应力钢丝绳加固 RC 梁的受力机理、有限元仿真模拟方法、加固梁抗剪承载力计算方法等方面的观点。

第 2 章　体外预应力钢丝绳抗剪加固方法

本章基于韩国体外预应力钢丝绳加固 RC 梁的加固技术进行系统研究[4-5]，通过体外预应力钢丝绳加固损伤梁的试验来描述加固的具体方法，通过对加固梁进行静载试验证该方法的有效性，描述加固梁在开始加载到最后破坏过程中梁体开裂、变形等破坏特征。

桥梁总是在使用一段时间之后发生损伤，当欲对现役桥梁实施维修加固时，梁体处于损伤和带载状态。带载是因为桥梁上的恒载无法卸除。所以，在试验设计时，核心思想是对损伤梁和损伤带载梁进行体外预应力钢丝绳加固，而梁体的设计参数即混凝土强度、纵筋配筋率、配箍率、体外预应力钢丝绳间距及预应力的大小、剪跨比等因素对加固效果有着明显的影响，为了能够准确预测加固效果，在试验梁设计中充分考虑了这些影响因素。

在模拟损伤梁和损伤带载梁的考虑中，为了准确模拟损伤—加固—破坏的过程，采取对试验梁进行预先损伤的方法，即对完好的试验梁施加其极限荷载的 70%作为损伤荷载，实现梁体的预损伤。基于这一思想，设计了体外预应力抗剪加固试验，试验步骤如下。

1）以混凝土强度、纵筋配筋率、配箍率、剪跨比、体外钢丝绳间距、体外钢丝绳预应力、损伤程度、带载水平等影响因素作为设计参数，制作 RC 试验梁。

2）对梁体进行预裂实现预损伤。

3）对损伤梁在带载或非带载状态下进行体外预应力钢丝绳抗剪加固。

4）对加固梁进行静载试验，获得加固梁在受剪状态下的力学响应。

2.1　试验梁设计与制作

2.1.1　试验梁设计

试验采用钢丝绳对 RC 梁进行体外预应力抗剪加固，研究体外预应力钢丝绳技术对 RC 梁斜截面抗剪加固机理及抗剪能力的计算方法。考虑多种设计参数、加固方式对抗剪加固效果的影响，对试验梁进行系统设计[6-8]，具体内容如下。

1. 体外预应力钢丝绳抗剪加固时钢丝绳的布置方式

封闭式体外钢丝绳布束，即利用钢丝绳环绕 RC 损伤梁并用锚固件予以封闭，对钢丝绳施加预应力，形成体外预应力钢丝绳加固环，在钢丝绳与梁体交界处设置护角及锚固件，使钢丝绳与梁体接触紧密牢固。试验梁混凝土强度等级为 C30，纵筋配筋率为 2.0%，配箍率为 0.35%，钢丝绳的间距为 25cm。

2. 不同剪跨比对加固效果的影响

在其他试验条件完全相同的条件下，改变剪跨比。试验采用的剪跨比分别为 0.9、

1.3、2.0、2.7、3.0。

试验梁混凝土强度等级为 C30，纵筋配筋率为 2.0%，配箍率为 0.35%，体外预应力钢丝绳的间距为 25cm。

3. 原梁纵筋配筋率对加固效果的影响

在其他试验条件完全相同的条件下，改变被加固梁的纵筋配筋率。试验采用的原梁的纵筋配筋率分别为 1.0%、1.5%、2.0%，2.7%。

试验梁混凝土强度等级为 C30，配箍率为 0.35%，钢丝绳的间距为 25cm。

4. 原梁混凝土强度对加固效果的影响

在其他试验条件完全相同的条件下，改变被加固梁的混凝土强度等级。试验采用的原梁的混凝土强度等级分别为 C25、C30、C40。

试验梁纵筋配筋率为 2.0%，配箍率为 0.35%，钢丝绳的间距为 25cm。

5. 原梁配箍率对加固效果的影响

在其他试验条件完全相同的条件下，改变原梁配箍率。试验采用的原梁配箍率分别为 0.20%、0.35%和 0.50%

试验梁混凝土强度等级为 C30，纵筋配筋率为 2.0%，钢丝绳的间距为 25cm。

6. 原梁损伤程度对加固效果的影响

为模拟现役桥梁损伤负荷状态，在其他试验条件完全相同的条件下，对原梁进行预裂损伤，即对试验梁施加极限荷载的 50%、60%、70%、80%进行损伤。

本次试验采用的原梁的混凝土强度等级为 C30，纵筋配筋率为 2.0%，配箍率为 0.35%，钢丝绳的间距为 25cm。

进行荷载试验时，分别对原梁加载至极限荷载的 50%、60%、70%、80%后卸载，采用封闭裂缝胶修复，重新加载至破坏。

7. 体外钢丝绳间距对加固效果的影响

在其他试验条件完全相同的条件下，改变体外钢丝绳间距，即改变钢丝绳的配筋率，本次试验确定的间距分别为 15cm、20cm、25cm、30cm。

本次试验采用的原梁的混凝土强度等级为 C30，配箍率为 0.35%，纵筋配筋率为 2.0%。

进行荷载试验时，均对原梁加载至极限荷载的 70%后卸载，采用封闭裂缝胶修复，重新加载至破坏。

8. 体外钢丝绳张拉控制应力对加固梁使用阶段性能的影响

在其他试验条件完全相同的条件下，改变体外钢丝绳的张拉控制应力。根据《无粘结预应力混凝土结构技术规程》（JGJ 92—2016）的规定，用于体外加固的钢丝、钢绞线张拉控制应力限值为 $0.40f_{pk} \leqslant \sigma_{con} \leqslant 0.60f_{pk}$，本次试验初步选取 3 种张拉控制应力值，取规范设计的上、中、下限值，分别为 $\sigma_{con}=0.40f_{pk}=658\text{MPa}$、$\sigma_{con}=0.50f_{pk}=822\text{MPa}$

和 $\sigma_{con}=0.60f_{pk}=986MPa$。其中，$f_{pk}$ 为钢筋抗拉强度标准值，σ_{con} 为钢绞线张拉控制应力。

本次试验采用的原梁的混凝土强度等级为 C30，纵筋配筋率为 2.0%，配箍率为 0.35%，钢丝绳的间距为 25cm。

进行荷载试验时，均对原梁加载至极限荷载的 70%后卸载，采用封闭裂缝胶修复，重新加载至破坏。

9. 二次带载对加固效果的影响

试验采用剪跨比为 2.0、混凝土强度等级为 C30，原梁纵筋配筋率为 2.0%，配箍率为 0.35%，钢丝绳的间距为 25cm。进行荷载试验时，分别对原梁加载至极限荷载的 50%、60%和 70%，在不卸载即带载条件下，采用封闭裂缝胶修复并加固后，直接继续加载至破坏。

采用 23 片加固梁和 3 片基准梁进行试验，试验梁编号及具体设计参数见表 2-1。试验梁尺寸参数见表 2-2。试验梁的纵向钢筋、箍筋分别采用 HRB400、HPB300 级钢筋，配筋图如图 2-1 所示。

表 2-1　试验梁编号及具体设计参数表

编号	剪跨比	原梁纵筋配筋率/%	混凝土强度等级	原梁配箍率/%	原梁损伤程度/%	布筋间距/mm	带载水平/%	预应力/MPa
D1	1.3	2.0	C30	0.35	70		0	
B1	0.9	2.0	C30	0.35	70	250	0	822
B2	1.3	1.0	C30	0.35	70	250	0	822
B3	1.3	1.5	C30	0.35	70	250	0	822
B4	1.3	2.0	C30	0.35	70	250	0	822
B5	1.3	2.7	C30	0.35	70	250	0	822
B6	1.3	2.0	C25	0.35	70	250	0	822
B7	1.3	2.0	C40	0.35	70	250	0	822
B8	1.3	2.0	C30	0.35	70	250	0	658
B9	1.3	2.0	C30	0.35	70	250	0	986
D2	2.0	2.0	C30	0.35	70		0	
B10	2.0	2.0	C30	0.35	70	250	0	822
B11	2.0	2.0	C30	0.20	70	250	0	822
B12	2.0	2.0	C30	0.50	70	250	0	822
B13	2.0	2.0	C30	0.35	50	250	0	822
B14	2.0	2.0	C30	0.35	80	250	0	822
B15	2.0	2.0	C30	0.35	60	250	0	822
B16	2.0	2.0	C30	0.35	70	150	0	822
B17	2.0	2.0	C30	0.35	70	200	0	822
B18	2.0	2.0	C30	0.35	70	300	0	822
B19	2.0	2.0	C30	0.35	70	250	60	822

续表

编号	剪跨比	原梁纵筋配筋率/%	混凝土强度等级	原梁配箍率/%	原梁损伤程度/%	布筋间距/mm	带载水平/%	预应力/MPa
B20	2.0	2.0	C30	0.35	70	250	50	822
B21	2.0	2.0	C30	0.35	70	250	70	822
D3	2.7	2.0	C30	0.35	70		0	
B22	2.7	2.0	C30	0.35	70	250	0	822
B23	3.0	2.0	C30	0.35	70	250	0	822

表 2-2　试验梁尺寸参数

梁类型	梁长/cm	梁宽/cm	梁高/cm	计算跨径/cm
基准梁、加固梁	300	20	40	280

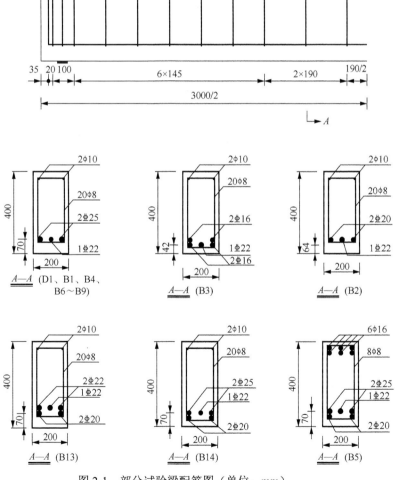

图 2-1　部分试验梁配筋图（单位：mm）

　　试验以 RC 梁的抗剪承载力为研究目标，所以在配筋上采取"强弯弱剪"的设计原则，即纵向配筋稍强于箍筋配置，以保证试验梁剪切破坏先于弯曲破坏发生，确保梁体的破坏均为剪切破坏，提高试验成功率。

2.1.2　试验材料

1. 混凝土

　　依据试验方案，选取 C25、C30、C40 这 3 种强度等级的混凝土进行材料试验，混凝土配料见表 2-3，混凝土技术参数见表 2-4，混凝土配合比及相应性能见表 2-5。

表 2-3　混凝土配料表

材料名称	材料品牌型号
水泥	P·O42.5（宾西虎鼎）
粗骨料	5～31.5mm 连续级配碎石（玉泉）
细骨料	细度模数为 2.7 的中砂（松花江砂场）
试验用水	自来水

表 2-4　混凝土技术参数

混凝土强度等级	混凝土轴心抗压强度标准值 f_{ck} /MPa	混凝土轴心抗拉强度标准值 f_{tk} /MPa	混凝土轴心抗压强度设计值 f_{cd} /MPa	混凝土轴心抗拉强度设计值 f_{td} /MPa	弹性模量 E_c /MPa
C25	29.8	2.81	21.3	2.00	2.53×10^4
C30	34.9	3.06	24.9	2.18	3.20×10^4
C40	38.1	3.21	27.2	2.29	3.61×10^4

表 2-5　混凝土配合比及相应性能

混凝土强度等级	水泥:砂:石:水	水泥质量/kg	砂子质量/kg	石子质量/kg	水质量/kg	坍落度/cm	28d 立方体抗压强度/MPa
C25	1:2.21:3.76:0.53	320	706.8	1203.6	169.6	2～4	26.8
C30	1:1.82:3.16:0.50	370	673.4	1171.6	185.0	2～4	32.2
C40	1:1.64:2.91:0.50	400	655.0	1164.0	200.0	2～4	40.9

　　混凝土材料试验按照《混凝土结构试验方法标准》（GB/T 50152—2012），测定立方体抗压强度、棱柱体轴心抗压强度和混凝土弹性模量。测定混凝土立方体抗压强度试验的试件尺寸为 150mm×150mm×150mm，测定混凝土轴心抗压强度试验的试件尺寸为 150mm×150mm×300mm；试件采用室内养护，温度为（20±3）℃，相对湿度≥90%；试验仪器采用 Y1-566 液压式压力试验机。

2. 钢筋

　　试验梁内钢筋包括箍筋、纵向受拉主筋、架立钢筋、纵向受压主筋。梁内钢筋材料标号规格见表 2-6。

表 2-6　钢筋材料标号规格

编号	种类	标号	直径/mm
1	箍筋	HPB300	8
2	纵向受拉主筋	HRB400	12、16、20、22、25
3	架立钢筋	HPB300	10
4	纵向受压主筋	HRB400	16

按照《金属材料 拉伸试验 第 1 部分：室温试验方法》（GB/T 228.1—2010）的要求进行钢筋拉伸试验，试验仪器采用 WAW-100 电液伺服万能试验机，钢筋的屈服强度采用下屈服强度值。钢筋具体力学性能指标见表 2-7。

表 2-7　实测钢筋力学性能指标

钢筋类型	钢筋直径/mm	实测直径/mm	延伸率/%	屈服强度/MPa	极限强度/MPa
HPB300	8	7	20.12	317.56	423.88
HPB300	10	10	24.40	280.07	410.62
HRB400	12	11.5	22.32	301.36	464.00
HRB400	16	15.6	20.60	406.55	539.16
HRB400	20	19.4	31.60	385.00	553.00
HRB400	22	21	28.80	405.00	614.00
HRB400	25	24	29.90	418.00	631.00

为分析钢筋的应力-应变关系，试验采用《金属材料 拉伸试验 第 1 部分：室温试验方法》（GB/T 228.1—2010）中的图解法绘制出 HPB300 级钢筋的应力-应变曲线，如图 2-2 所示。

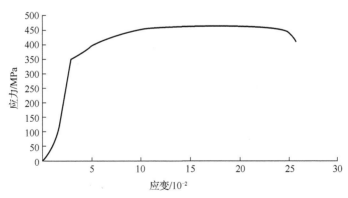

图 2-2　φ8 钢筋的应力-应变曲线

3. 体外预应力钢丝绳

体外预应力钢丝绳采用 4.8mm 镀锌钢丝绳，其技术性能指标见表 2-8。连接件采用韩国定型产品（钢垫板和护条可自行加工）。

表 2-8　4.8mm 镀锌钢丝绳的技术性能指标

钢丝种类	单束截面面积/mm²	抗拉强度标准值 f_{pk} /MPa	抗拉强度设计值 f_{pd} /MPa	弹性模量 E_p /MPa
镀锌软钢丝	10.83	1644	1397	120000

4. 封闭胶

封闭裂缝采用 JN-F 封口胶和 JN-L 低黏度灌缝胶，其安全性能指标见表 2-9。

表 2-9　裂缝修补用胶（注射剂）的安全性能指标

胶体性能项目	性能指标
抗拉强度/MPa	≥20
弹性模量/MPa	≥1500
抗压强度/MPa	≥50
抗弯强度/MPa	≥30，且不得呈脆性破坏
钢-钢拉伸抗剪强度标准值/MPa	≥10
不挥发物含量（固体含量）/%	≥99
可灌注性	在产品说明书规定的压力下，能注入的宽度为 0.1mm

2.1.3　试验梁锚固装置

钢丝绳的锚固采用吊环螺栓和角钢来实现，具体锚固装置尺寸如图 2-3 所示。为确保吊环螺栓能够承受最大张拉预应力，对其进行了拉伸测试，具体结果见表 2-10。

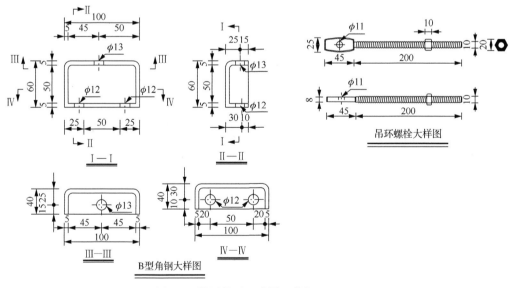

图 2-3　锚固装置尺寸图（单位：mm）

表 2-10　吊环螺栓材料性能测试结果

名称	屈服强度/MPa	屈服荷载/kN	抗拉强度/MPa	抗拉荷载/kN	断后伸长率/%
吊环螺栓	1660	26.0	2166	34.0	20.2

2.1.4　结构灌缝胶性能试验

结构灌缝胶各项技术指标由生产厂家——湖南固特邦土木技术发展有限公司提供，均能满足《公路桥梁加固设计规范》（JTG/T J22—2008）的要求，JN-F 封口胶和 JN-L 低黏度灌缝胶实测性能指标分别见表 2-11 和表 2-12。

表 2-11　JN-F 封口胶实测性能指标

性能	试验项目	试验条件	技术要求	试验结果
物理性能	外观	A 组分	腻子状触变胶体	液体，色泽均匀无杂质
		B 组分	腻子状触变胶体	液体，色泽均匀无杂质
	试用期/min	25℃	≥30	50
	密度/（g·cm⁻³）	A 组分		1.70
		B 组分		1.65
力学性能	内聚抗压强度/MPa	25℃，7d	≥50.0	85.0
	内聚抗拉强度/MPa	25℃，7d	≥15.0	32.0
	钢-钢黏结抗剪强度标准值/MPa	25℃，1d		12.5
	钢-混凝土黏结抗剪强度/MPa	25℃，7d	C40 混凝土破坏	C40 混凝土破坏
	钢-混凝土黏结抗拉强度/MPa	25℃，7d	C40 混凝土破坏	C40 混凝土破坏

表 2-12　JN-L 低黏度灌缝胶实测性能指标

性能	试验项目	试验条件	技术要求	试验结果
物理性能	外观	A 组分		液体，色泽均匀无杂质
		B 组分		液体，色泽均匀无杂质
	黏度/（MPa·s）	A 组分		200～500
		B 组分		100～300
	适用期（可操作时间）/min	（23±2）℃		70
		10℃		100
	密度/（g·cm⁻³）	A 组分		1.0
		B 组分		1.0
力学性能	抗拉强度/MPa	（23±2）℃，7d	≥20	40.0
	弹性模量/GPa	（23±2）℃，7d	≥1.5	2.60
	抗弯强度/MPa	（23±2）℃，7d	≥30	55.0
	内聚抗压强度/MPa	（23±2）℃，7d	≥50	70.0
	钢-钢拉伸抗剪强度标准值/MPa	（23±2）℃，7d	≥10	18.0
	钢-混凝土正拉黏结强度/MPa	（23±2）℃，7d		3.5 且为混凝土内聚破坏
	不挥发物含量（固体含量）/%	（105±2）℃	≥99	≥99

2.1.5　试验梁制作

试验梁的制作步骤如下。

1）安装底模和支架，绑扎钢筋骨架。

2）预埋钢筋应变片。

3）支模板。

4）预留膨胀螺栓孔道。

5）浇筑、振捣混凝土。

6）拆模养护。

试验梁的主要制作过程如图 2-4～图 2-9 所示。

图 2-4　预埋钢筋应变片

图 2-5　钢筋骨架、模板及预留孔道

图 2-6　试验梁浇筑混凝土阶段

图 2-7　试验梁养护阶段

图 2-8　进入实验室准备试验

图 2-9　粘贴加固梁应变片

2.2　抗剪加固方法试验

2.2.1　原梁预裂

原梁预裂采用单调逐级加载，对梁体施加原梁极限荷载的 50%、60%、70%、80%后停止加载并卸载，观测裂缝产生和发展的情况。加载装置如图 2-10 所示，加载试验现场如图 2-11 所示，原梁加载裂缝情况如图 2-12 所示。

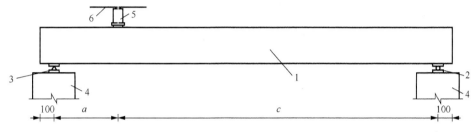

1——试验梁；2——滑动铰支座；3——固定铰支座；4——支墩；5——液压千斤顶；6——反力梁及龙门架；

a——试验梁的剪跨长度，与梁设计参数剪跨比有关；*c*——试验梁的有效长度减去剪跨长度。

图 2-10　加载装置（单位：mm）

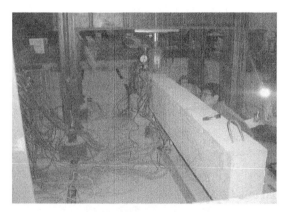

图 2-11　加载试验现场

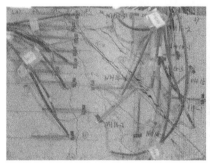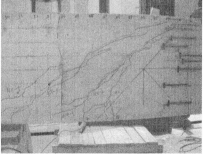

图 2-12　原梁加载裂缝情况

2.2.2 试验梁加固

采用注胶和体外钢丝绳加固方式对经过预裂的原梁进行加固。

1. 注胶

采用封口胶和灌缝胶对梁体裂缝进行封堵灌注，实施梁体的初步加固。

（1）裂缝分类及处理

将裂缝分为大、中、小 3 类，对小裂缝进行表面清洁，并用丙酮将裂缝两边 2mm 左右的区域擦洗干净；对中等宽度的裂缝可以进行注胶，做好注胶前的处理，即将裂缝两边凿出 V 形凹槽以方便注胶，之后对裂缝进行清理；对于较大的裂缝，为提高注胶量，可采用钻孔灌浆的方法，扩大裂缝通路，确保注胶加固效果。

（2）封堵裂缝

首先设置灌浆嘴，灌浆嘴应设置在裂缝的交错点、裂缝端部及整条裂缝的较宽位置处，当裂缝宽度为 0.4mm 左右时，灌浆嘴的间距最好为 40cm 左右，在灌浆之前用 JN-F 封口胶固定在适当位置，做好卫生措施防止堵塞。设置好灌浆嘴之后开始封缝，用刀片将 JN-F 封口胶均匀涂抹在裂缝口处，涂抹胶体宽度和厚度要均匀干净，确保封堵质量。2d 后对封缝部位进行检查，观测裂缝封堵效果及贯通情况。

（3）裂缝灌浆

首先将梁体裂缝外部和内部清理干净，确保裂缝干燥、通畅、无杂质。然后配置灌浆胶，采用 JN-F 封口胶对裂缝进行灌浆注胶，JN-F 封口胶分为 A 胶和 B 胶，将两部分均匀等量融合，因为灌浆胶需在 90min 内使用完毕，所以在二胶混合后要迅速注入灌胶器中进行灌胶。灌胶器压力设置在 0.2MPa，灌浆原则是低压慢灌，灌至最后一个出浆口开始出现胶体时，继续操作 10min 后停止灌浆。最后，采用注水方式对灌浆效果进行检测，选取部分测试点进行灌浆压力的 70%～80%水压测试，若不析水、不渗漏，则表明灌浆效果良好。裂缝灌浆现场图如图 2-13 所示。

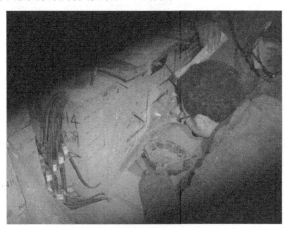

图 2-13　裂缝灌浆现场图

2. 体外钢丝绳加固

加固采用 U 形锚固钢丝绳的模式，在梁体底面侧角设置直角形钢质护条，在梁顶面两侧利用吊环螺栓和钢板将钢丝绳锚固在梁体上，锚固后对钢丝绳进行预应力张拉。体外钢丝绳加固模式如图 2-14 所示。加固后的试验梁如图 2-15 所示。

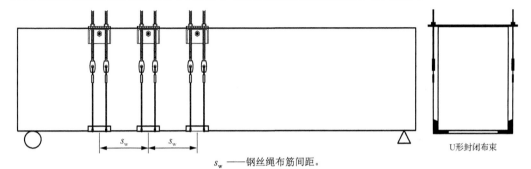

s_w ——钢丝绳布筋间距。

图 2-14　体外钢丝绳加固模式

图 2-15　加固后的试验梁

3. 张拉钢丝绳

根据《无粘结预应力混凝土结构技术规程》（JGJ 92—2016）的规定，对锚固好的体外钢丝绳进行预应力张拉，应力值控制在 $0.40 f_{pk} \leqslant \sigma_{con} \leqslant 0.60 f_{pk}$。

2.2.3　加固梁试验内容

对加固梁进行破坏性加载试验，记录并分析加载至破坏的梁体变化，包括体内钢筋应力-应变情况、裂缝发展情况及混凝土破坏情况。本试验采用分级加载的方式对加固梁进行逐级加载，加载工具为液压千斤顶，每级荷载为 30kN。第一次加载即加至原梁极限荷载的 70%，然后将千斤顶逐级卸载至 0，重新对已出现的裂缝进行注胶加固、体外预应力钢丝绳加固。之后再进行逐级加载，当发现将要或已经出现裂缝时，为了更加准确细致地观察裂缝的变化情况及分析裂缝与荷载之间的量化关系，将原来的每级

30kN 荷载变为每级 10kN 荷载，并且持荷 5min，然后继续加载，直至梁体达到破坏标志。加固梁破坏图如图 2-16 所示。

图 2-16 加固梁破坏图

为获取试验所需的数据信息，对测试点进行了合理布置，具体的主筋、箍筋、钢丝绳应变测点、挠度测点及裂缝描述设计如图 2-17～图 2-22 所示，需要测试的主要内容如下。

1）剪压区体内纵向受拉钢筋应变沿纵向的变化情况。

2）与斜截面相交处箍筋的应变变化情况。

3）与斜截面相交处体外钢丝绳的应变变化情况。

4）试验梁跨中、加载点挠度和支点沉降的变化情况。

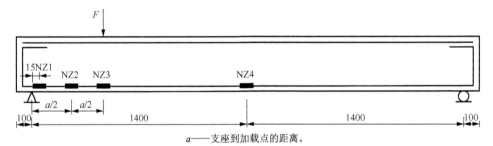

a——支座到加载点的距离。

图 2-17 纵向受拉钢筋应变测点布置图（单位：mm）

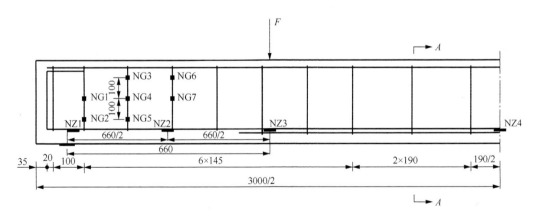

图 2-18 箍筋应变测点布置图（单位：mm）

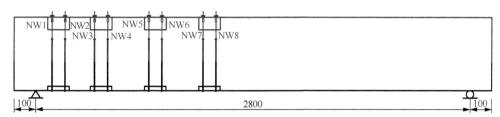

图 2-19　钢丝绳应变测点布置图（单位：mm）

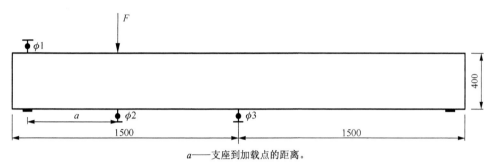

a——支座到加载点的距离。

图 2-20　跨中、加载点及支点挠度测点布置图（单位：mm）

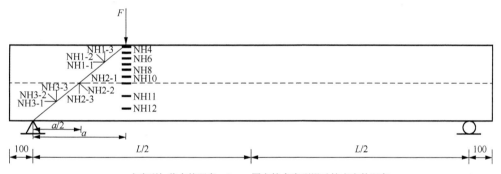

a——支座到加载点的距离；L——固定铰支座到滑动铰支座的距离。

图 2-21　混凝土侧表面（北侧）应变测点布置图（单位：mm）

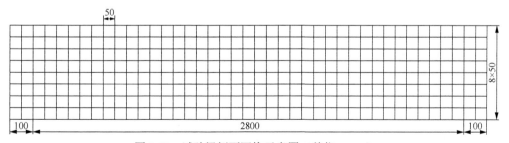

图 2-22　试验梁侧面网格示意图（单位：mm）

2.2.4　静载试验加载程序

1．加载、加固程序

1）基准梁：不施加体外预应力，直接分级加载至破坏。

2）非带载加固梁：分级加载至原梁剪切破坏荷载的 70%（50%、60%、80%）时，分级卸载至零，注胶修复并施加体外预应力，再重新加载至破坏。

3）带载加固梁：分级加载至原梁剪切破坏荷载的 30%（50%、70%）时，不卸载，带载注胶修复并施加体外预应力，继续加载至破坏。

2. 加载分级与方式

（1）基准梁加载分级

基准梁加载一般分为 15 级，具体如下。

1）基准梁采用单调分级加载，每次加载时间间隔为 15min，在正式加载前，为检查仪器仪表读数是否正常，需要预加载，预加载不宜超过开裂荷载计算值的 70%。

2）在加载到开裂荷载计算值的 90%以前，每级荷载不大于开裂荷载计算值的 20%（取 3t 作为级距）。

3）达到开裂荷载计算值的 90%以后，适当加密分级，每级荷载不大于开裂荷载计算值的 5%（取 1t 作为级距）。

4）当试件开裂后，每级荷载取 10%的承载力试验荷载计算值（F_u）的级距。

5）加载到达极限承载荷载计算值的 90%后，适当加密分级，每级荷载不大于承载力试验荷载计算值的 5%（取 1t 作为级距）。

6）采用液压加载时，可连续慢速加载直至构件破坏。

7）每级卸载值可取为承载力试验荷载计算值的 20%～50%；每级卸载后在构件上的试验荷载剩余值宜与加载时的某一荷载相对应。

（2）非带载加固梁加载分级

非带载加固梁采用单调分级加载，每次加载时间间隔为 15min，在正式加载前，为检查仪器仪表读数是否正常，需要预加载，预加载不宜超过开裂荷载计算值的 70%。

非带载加固梁加载分 3 个阶段：预裂阶段、加固阶段和破坏阶段。

1）预裂阶段：在进行单调逐级加载时，加载至非加固梁极限荷载的 70%（50%、60%、80%）时，停止加载。

2）加固阶段：对预裂的试验梁进行封缝注胶处理，然后张拉体外预应力。

3）破坏阶段：钢丝绳张拉完成后，加固梁继续分级加载，试件重新开裂前，可适当加大荷载分级的级距，接近计算的再开裂荷载时，适当加密荷载分级；试件重新开裂后，继续加载至箍筋屈服，直至试件达到极限状态。

（3）二次带载加固梁加载分级

二次带载加固梁采用单调分级加载，每次加载时间间隔为 15min，在正式加载前，为检查仪器仪表读数是否正常，需要预加载，预加载不宜超过开裂荷载计算值的 70%。

二次带载加固梁加载分 3 个阶段：预裂阶段、加固阶段和破坏阶段。

1）预裂阶段：在进行单调逐级加载时，加载至非加固梁极限荷载的 50%（60%、70%）时，停止加载，不卸载。

2）加固阶段：在保持荷载不变的条件下，对预裂的试验梁进行封缝注胶处理，然后张拉体外预应力。

3）破坏阶段：钢丝绳张拉完成后，加固梁继续分级加载，试件重新开裂前，可适当加大荷载分级级距，接近计算的再开裂荷载时，适当加密荷载分级；试件重新开裂后，继续加载至箍筋屈服，直至试件达到极限状态。

3. 开裂荷载实测值取值方法

当加载过程中第一次出现斜裂缝时，应取前一级荷载作为开裂荷载实测值。

当在规定的荷载持续时间内第一次出现斜裂缝时，应取本级荷载与前一级荷载的平均值作为开裂荷载实测值。

当在规定的荷载持续时间结束后第一次出现斜裂缝时，应取本次荷载作为开裂荷载实测值。

4. 加载破坏的标志

在加载或持载过程中出现下列标记即可认为试验梁已经达到或超过承载能力极限状态，即可停止加载。

1）梁体出现一条主要斜裂缝，迅速伸展至荷载垫板边缘而使梁体混凝土裂通。
2）梁体出现很多平行的斜向短裂缝及混凝土碎渣。
3）梁体斜裂缝多而密，没有主裂缝，混凝土被压碎。
4）梁体沿纵向受拉钢筋出现裂缝。
5）受压区混凝土压碎。
6）箍筋与斜裂缝交汇处的斜裂缝宽度达到 1.5mm。

2.2.5　静载试验加载装置及测量仪器

根据静载试验所需加载设备及测试指标，进行仪器仪表的统计，见表 2-13 和表 2-14。

表 2-13　静载试验所需加载装置一览表

加载装置	用途	规格/t	单片试验梁所需数量/个
液压千斤顶	加外荷载	60	1
扭矩扳手	施加预应力		1
液压固定仪	固定钢丝绳锚头		1

表 2-14　静载试验测量仪器

编号	测试内容	使用仪器
1	混凝土应变	胶基混凝土应变片
2	钢筋应变	电阻应变片
3	钢丝绳应变	电阻应变片
4	采集应变信息	应变采集仪型号：DH-3186
5	挠度	WY-50 电子位移计、磁性表座
6	裂缝宽度	4 倍数显裂缝观测仪
7	预应力张拉	转矩扳手和普通扳手
8	加载	压力传感器采用 50t 的 BLR-1 型称重传感器、100t 的液压式千斤顶

续表

编号	测试内容	使用仪器
9	数据收集	主筋、箍筋及钢丝绳应变和每级荷载下的挠度均采用 BZ2205C 静态应变采集仪采集，共两台，如图 2-23 所示。压力传感器采用东华测试仪器厂生产的 DH3818 静态应变采集仪进行采集，如图 2-24 所示 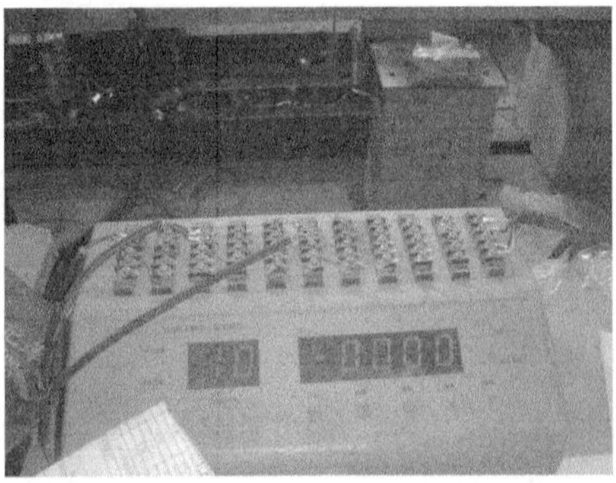 图 2-23　BZ2205C 静态应变采集仪 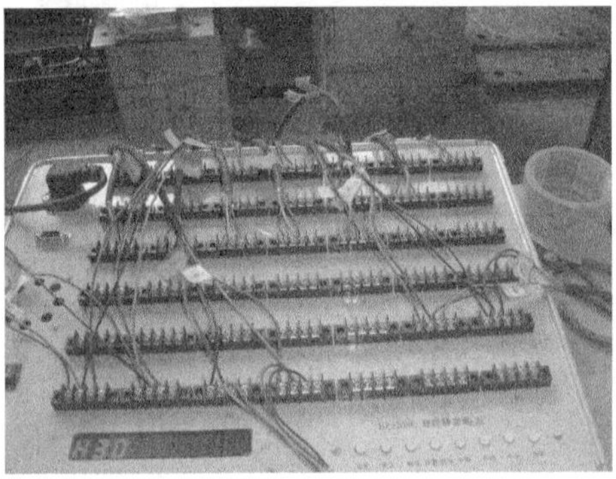 图 2-24　DH3818 静态应变采集仪

2.3　本 章 小 结

　　本章系统阐述了体外预应力钢丝绳加固 RC 梁试验的目的和操作方法，介绍了测点布置方案及试验所需的测试仪器；详细介绍了加固梁的制作，包括原梁预裂、封胶灌胶、体外钢丝绳的绑扎及预应力的施加等，对加固梁的静载试验加载过程进行了叙述，确定了加固梁的破坏标志。

第 3 章　体外预应力钢丝绳加固梁抗剪性能的试验研究

本章通过抗剪加固试验，研究分析加固梁在加载过程中裂缝的分布和发展情况、破坏形态、抗剪机理及极限状态下的抗剪承载能力，并分析原梁设计参数、损伤程度、带载水平，加固梁体外钢丝绳设计参数、加载点剪跨比等因素对加固梁抗剪效果的影响。

3.1　加固梁破坏形态

1. 梁体破坏形态

原梁在预裂损伤后进行体外预应力钢丝绳加固，然后进行二次加载直至破坏，加固梁均呈剪压破坏。在未达到开裂荷载时，基准梁与加固梁的箍筋、体外钢丝绳应变都很小，发挥作用不大，当达到开裂荷载后，体外钢丝绳开始发挥作用（从试验数据可以看到此时体内箍筋和纵向钢筋应变增加明显，与体外预应力钢丝绳共同承担剪力作用），达到极限荷载时，体外钢丝绳逐渐破坏，伴随混凝土被压碎。加固梁的破坏形态如图 3-1 所示。

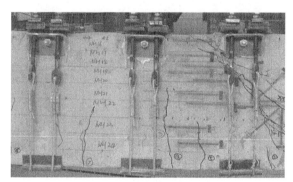

图 3-1　加固梁的破坏形态

2. 裂缝开裂过程

以加固梁 B10 为例，对原梁进行加载预裂时，梁主要由混凝土承担剪力，箍筋及体外钢丝绳的应变均很小；荷载继续增大，混凝土达到开裂荷载时退出工作，这时体外预应力钢丝绳开始参与抗剪工作，应变逐渐增大，裂缝宽度随着荷载的逐步增大而增大；随即梁体内箍筋开始参与工作，应变增大，当荷载达到原梁极限荷载的 70%时，形成一条与基准梁形态相近的主裂缝。因为体外钢丝绳和箍筋共同承担抗剪作用，所以这时加固梁出现的裂缝较基准梁少，且裂缝宽度小。继续加载时，加固梁梁体产生的裂缝宽度逐渐增大，当荷载加到 450kN 时达到极限状态，梁体裂缝在梁底贯通，此时裂缝宽度为 1.5mm，表明 B10 加固梁出现破坏特征，具体如图 3-2～图 3-6 所示。图 3-4～图 3-6 中混凝土梁体分别划分为 5mm 正方形网格（自左向右横向 60 分格、竖向 8 分格），30 号格为梁体中心点，图中只显示出现裂缝的一端，不显示无裂缝产生部分。梁体产生裂缝的尺寸如图 3-4～图 3-6 中的数值标注，第 1 个数字为裂缝长度，括号内为裂缝宽度。裂缝均按照产生时间顺序进行记录标注，其中①②③等表示预裂时出现的受弯裂缝，1 2 3 等表示加固梁加载时出现的受弯裂缝。X 表示斜裂缝，YX 表示加固梁加载时在原斜裂缝位置出现的斜裂缝，XX 表示加载时在新位置出现的斜裂缝，YNX 中 N 表示梁体北侧。

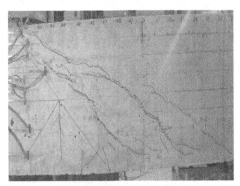

图 3-2　基准梁斜裂缝图

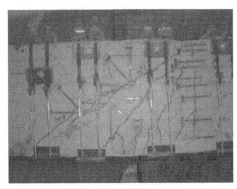

图 3-3　加固梁斜裂缝图

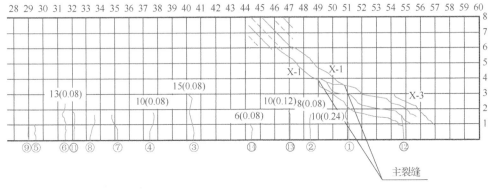

图 3-4　基准梁 D2 裂缝分布

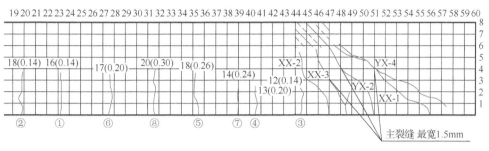

图 3-5　加固梁 B10 裂缝分布

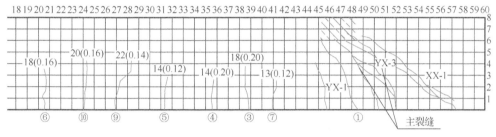

图 3-6　加固梁 B16 裂缝分布

加固梁、基准梁实测的开裂荷载见表 3-1。数据表明，与加固前相比，加固后梁的开裂荷载明显得到提高，提高幅值为 23.08%～58.33%，这充分说明钢丝绳加固后能够推迟原梁开裂。

表 3-1　加固梁、基准梁实测开裂荷载

编号	加固前	加固后	
	实测开裂荷载/kN	实测开裂荷载/kN	开裂荷载提高值/%
D1	165		
B2	145	200	37.93
B3	145	180	24.14
B4	145	210	44.82
B5	165	210	27.27
B6	120	180	50.00
B7	145	180	24.14
D2	145		
B10	130	170	30.77
B11	130	180	38.46
B12	120	180	50.00
B16	130	160	23.08
B17	120	180	50.00
B18	120	190	58.33

3.2　各设计参数对加固效果的影响分析

在分析加固梁的抗剪加固效果时，首先对原梁的斜截面极限承载力进行分析。

如图 3-7 所示，斜截面极限荷载估算选取集中力作用点向梁端方向偏转 45° 所在斜截面 B—B′ 为抗剪承载力控制截面。RC 梁斜截面抗剪承载力 V_u 由混凝土、箍筋和弯起钢筋共同承担。

图 3-7　斜截面 B—B′ 示意图（单位：mm）

原梁仅配有箍筋，无弯起钢筋，因此，斜截面抗剪承载力由混凝土和箍筋共同的抗剪承载力决定，则

$$\gamma_0 V_d = V_u = V_{cs} = \alpha_1 \alpha_2 \alpha_3 \times 0.45 \times 10^{-3} b h_0 \sqrt{(2 + 0.6F)\sqrt{f_{cu,k}}\, \rho_{sv} f_{sv}} \tag{3-1}$$

式中：V_u——斜截面抗剪承载力；

　　　V_{cs}——混凝土和箍筋共同的抗剪承载力；

　　　V_d——斜截面受压端正截面上由作用效应所产生的最大剪力组合设计值；

　　　γ_0——结构重要性系数，取 $\gamma_0 = 1.0$；

　　　α_1——异号弯矩影响系数，取 $\alpha_1 = 1.0$；

　　　α_2——预应力提高系数，取 $\alpha_2 = 1.0$；

　　　α_3——受压翼缘的影响系数，取 $\alpha_3 = 1.0$；

　　　b——截面宽度，取 $b = 200\text{mm}$；

　　　h_0——斜截面受压端正截面的有效高度，取 $h_0 = 330\text{mm}$；

　　　$f_{cu,k}$——混凝土强度等级，B1 试验梁 $f_{cu,k} = 30\text{MPa}$；

　　　ρ_{sv}——斜截面内配箍率，取 $\rho_{sv} = 0.35\%$；

　　　f_{sv}——箍筋抗拉强度设计值，取 $f_{sv} = 195\text{MPa}$；

对原梁进行注胶及体外预应力钢丝绳加固后，加固梁斜截面极限荷载估算选取集中力作用点向梁端方向偏转 45° 所在斜截面 B—B′ 为抗剪承载能力控制截面，其极限抗剪承载力 V_u 由混凝土和箍筋共同抗剪承载力 V_{cs} 及体外钢丝绳抗剪传递能力 V_w 决定，即

$$V_d = V_u = V_{cs} + V_w \tag{3-2}$$

V_w 可按式（3-3）确定，即

$$V_w = A_w f_{sw} d \sin\beta (1 + \cot\beta) / s_w \tag{3-3}$$

式中：A_w——一套钢丝绳截面面积；

d ——截面有效高度，$d = h_0 = 330\text{mm}$；

β ——钢丝绳布筋角度，试验梁 $\beta = 90°$；

s_w ——钢丝绳布筋间距；

f_{sw} —— $f_{sw} = f_{su} - f_i$，f_{su} 为钢丝绳抗拉强度，取 $f_{su} = 1644\text{MPa}$，f_i 为钢丝绳预
　　　　应力。

恒载在 B' 点产生的剪力为

$$V_{GB'_i} = \gamma bh(l/2 - a) \tag{3-4}$$

式中：γ ——混凝土的重度，取 $\gamma = 25\text{kN}/\text{m}^3$；

　　　　l ——梁的有效长度，$l = 2800\text{mm}$；

　　　　a ——梁的剪跨长度，$a = 660\text{mm}$。

则集中力 F 产生的极限荷载为

$$F_{vu_1} = (V_d - V_{GB'_i})l/(l-a) \tag{3-5}$$

通过以上计算过程可以获得加固梁的极限承载力计算值。通过这一计算过程可以看出，体外预应力钢丝绳加固梁的抗剪效果与纵筋配筋率、配箍率、混凝土强度，剪跨比，体外钢丝绳间距，体外钢丝绳预应力水平等因素相关。

3.2.1　纵筋配筋率对加固效果的影响

1. 加固梁开裂

纵筋配筋率对加固梁的抗剪承载力能够产生较为明显的影响，在加固梁承受荷载初期，主筋即处于受力状态直到梁体破坏。随着荷载的不断增加，注胶加固的预裂缝开始重新开裂并发展，同时在斜裂缝周围及受弯区产生新的裂缝，随着荷载继续增加，裂缝宽度加大，裂缝端部向上发展，最终达到加固梁破坏条件。裂缝的发展情况以加固梁 B5 为例，如图 3-8 所示。

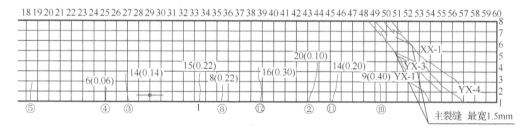

图 3-8　加固梁 B5 静载破坏试验裂缝分布

加固梁 B5 裂缝的发展情况如下。预裂后，梁在卸载后最宽的受弯裂缝即⑤号裂缝，宽度为 0.06mm。当荷载达到 16t 时，南侧原斜裂缝 X-1 开裂，宽度为 0.08mm，YX-1 开裂。随着荷载继续增加，受弯裂缝宽度逐级增加，斜裂缝沿原来的位置不断发展，当荷载达到 20t 时，最宽斜裂缝达到 0.12mm。当荷载达到 21t 时，在原裂缝的基础上出现新的斜裂缝，该荷载为加固开裂荷载。随着荷载继续增加，斜裂缝不断向两侧发展，受弯裂缝也在原来的基础上继续向上发展并出现新的斜裂缝。当荷载达到 42t 时，梁两侧

斜裂缝宽度发展迅速，形成主裂缝。并且开展的斜裂缝开始相连通，形成主裂缝。当荷载达到 45t 时，斜裂缝开展至距梁顶 6cm 处，宽度增加迅速，最宽达 0.52mm，荷载继续增加，斜裂缝宽度突增，体外钢丝绳应变突增。当荷载达到 55t 时，出现一条宽达 1.2mm 的斜裂缝开裂到距梁顶 2cm 处，且出现多条与主裂缝平行的微小裂缝及混凝土碎渣。在不断加载过程中，梁体混凝土碎裂，裂缝宽度突增，挠度增加，体外钢丝绳相继断裂，梁体呈现斜压破坏。

2. 加固梁承载力

B2、B3、B4、B5 纵筋配筋率分别为 1.0%、1.5%、2.0%、2.7%，其他设计参数均一致。加固后，与 B2 相比，B3、B4、B5 的承载力分别提高 7.14%、16.67%、30.95%。试验梁荷载与挠度的关系如图 3-9 所示，随着纵筋配筋率的增大，相同荷载下挠度降低，说明承载力提高。梁体出现裂缝后，荷载与箍筋、体外预应力钢丝绳应变变化关系如图 3-10 所示，相同荷载作用下较基准梁相比，加固梁箍筋应变减小，原因是体外钢丝绳开始作用，提高了梁的整体承载力。B2、B3、B4、B5 极限荷载分别提高了 13.51%、21.62%、32.43%、48.64%。

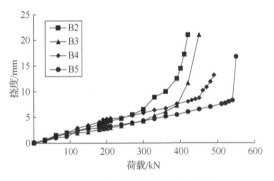

图 3-9　试验梁荷载与挠度的关系

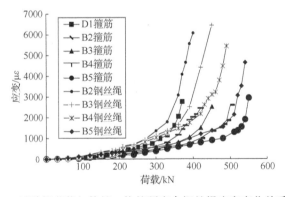

图 3-10　试验梁荷载与箍筋、体外预应力钢丝绳应变变化关系

3.2.2 配箍率对加固效果的影响

1. 加固梁开裂

由于体外预应力钢丝绳推迟了加固梁达到开裂荷载的时间，因此延缓了原梁损伤注胶裂缝的二次开裂和新裂缝的产生。以加固梁 B11 为例，介绍开裂过程与相应荷载，具体如下。

如图 3-11 所示，当荷载小于 9t 时，只有部分原受弯裂缝有发展，未出现斜裂缝。当荷载达到 9t 时，原斜裂缝处开裂，并由梁底开裂发展，宽度为 0.04mm。随着荷载的增加，斜裂缝逐级向上发展，加载点下受弯裂缝①号裂缝开展较快。当荷载达到 15t 时，梁北侧中性轴下侧开裂，宽度为 0.02mm；当荷载达到 16t 时，南侧 YX-1 迅速向上发展至距梁顶 6.0cm 处，加载点下受弯裂缝发展高度为 16cm，宽度为 0.14mm。荷载继续增加，出现新的受弯裂缝，当荷载达到 21t 时，梁北侧出现新的斜裂缝，北侧一斜裂缝向上发展与另一斜裂缝相连，加载点下受弯裂缝达到 0.2mm。荷载继续增加，斜裂缝向两侧发展，①号裂缝（加载点）迅速向上发展至距梁顶 8cm 处，宽度达到 0.4mm，斜裂缝 YX-1 发展至距梁顶 5cm 处，宽度达到 0.8mm。当荷载达到 38t 时，箍筋屈服，斜裂缝的宽度迅速增加，①号缝宽度突增至 1.5mm。继续加载，持荷困难，裂缝宽度增加迅速，当荷载达到 41t 时，挠度增加，体外钢丝绳预应力突增，并相继断裂，斜裂缝突增，形成 3 条主裂缝，加载点处混凝土碎裂，梁体破坏。

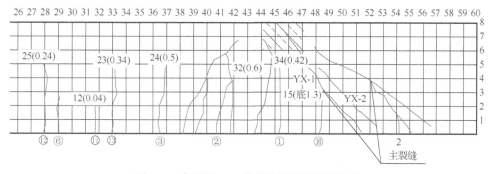

图 3-11　加固梁 B11 静载破坏试验裂缝分布

2. 加固梁承载力

箍筋在梁体设计中主要承担剪力、固定主筋和混凝土等工作，对梁体抵抗剪力起到重要作用，箍筋的设计对于研究加固梁的抗剪能力具有重要意义。以研究对象为箍筋配筋率的基准梁 D2 为例，在原梁预裂损伤期间，D2 预估屈服荷载为 270kN，对原梁施加的预裂损伤荷载为极限荷载 350kN 的 70%，即 245kN。此时箍筋尚未达到屈服状态，而处于较好的弹性工作状态，对梁体裂缝注胶并绑扎体外预应力钢丝绳进行加固，然后进行加载。首先进入抗剪工作状态的是体外预应力钢丝绳，先于加固梁体内箍筋发挥抗剪作用，在同等荷载条件下推迟了箍筋屈服的发生时间，进而提高了加固梁的开裂荷载和极限荷载。不同配箍率的加固梁试验结果见表 3-2。

表 3-2　不同配箍率的加固梁试验结果

梁号	配箍率/%	加固前 开裂荷载/kN	加固后 开裂荷载/kN	提高比率/%	屈服荷载/kN	加固后 极限荷载/kN
B8	0.35	130	170	30.77	360	460
B9	0.20	130	180	38.46	340	410
B10	0.50	120	170	41.67	380	410

　　B11、B10、B12 为不同配箍率的加固梁，配箍率分别为 0.20%、0.35%、0.50%，其他设计参数均一致。以 B11 的极限抗剪能力为基准，B10、B12 的承载能力分别提高了 12.5%、10.0%，B12 的提高幅度略低于 B10，此种情况的发生由梁的制造及试验误差所致。如图 3-12 所示，随着配箍率的增加，相同荷载作用下加固梁的挠度减小，说明加固梁的承载力增加。梁体出现裂缝后，荷载与箍筋、体外预应力钢丝绳应变变化关系如图 3-13 所示，相同荷载作用下与基准梁相比，加固梁箍筋应变减小，体外预应力钢丝绳开始作用，进而提高了梁的整体承载力。

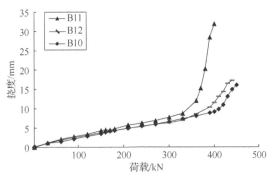

图 3-12　试验梁荷载与挠度的关系

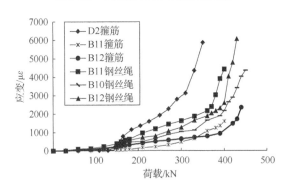

图 3-13　试验梁荷载与箍筋、体外预应力钢丝绳应变变化关系

3.2.3　混凝土强度对加固效果的影响

1. 加固梁开裂

研究混凝土强度对加固梁承载力的影响时，最初原梁预裂损伤，各加固梁均已出现

裂缝并予以注胶加固，绑扎体外预应力钢丝绳后进行二次破坏试验。因为此试验以混凝土强度为研究对象，所以试验梁纵筋配筋率、配箍率、剪跨比、体外钢丝绳间距、体外钢丝绳预应力及损伤程度等设计因素均保持一致。在二次破坏试验中，因为伴随加固梁有原始预裂缝，所以不同强度等级混凝土梁的抗拉强度已经不再发挥作用，能够控制加固梁极限荷载的是各强度等级混凝土强度和箍筋，而配箍率未改变，所以对于加固梁的破坏界定，除配筋达到极限状态外，混凝土的压碎和开裂程度也是重要的破坏标准。在此考虑下，以加固梁 B7 为例，其静载破坏试验裂缝分布如图 3-14 所示，具体情况如下。

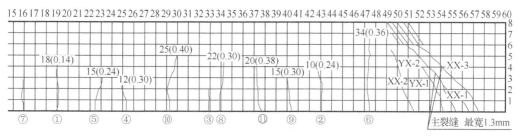

图 3-14　加固梁 B7 静载破坏试验裂缝分布

未加载前，加固梁 B7 最宽的受弯裂缝宽度为 0.08mm，随着荷载的增加，受弯裂缝长度基本不变，宽度逐级增加，当荷载达到 15t 时，原裂缝处出现开裂，YX-1 为 0.06mm。当荷载达到 18t 时，斜裂缝向两侧发展，出现新的斜裂缝，该荷载作为开裂荷载。继续加载，斜裂缝数量增加，且长度、宽度逐渐发展。当荷载达到 21t 时，YX-2 发展至距梁顶 8.0cm 处，宽度为 0.18mm，且出现新的受弯裂缝①号裂缝，宽度为 0.05mm，此时最宽受弯裂缝为 0.20mm。当荷载达到 27t 时，YX-2 向上发展至距梁顶 5.0cm 处，宽度为 0.28mm。荷载继续增加，部分受弯裂缝的长度有发展，宽度则均逐级发展，斜裂缝开展较快，且还有新的斜裂缝（XX-1）出现。当荷载达到 36t 时，XX-1 向支点处发展至梁底开裂，此时 YX-2 宽度为 0.56mm。当荷载达到 45t 时，裂缝迅速开展，箍筋开始屈服，体外钢丝绳预应力增加，YX-2 宽度达到 0.68mm。当荷载达到 46t 时，加载点处混凝土出现微缝，斜裂缝 YX-2 边缘有混凝土碎渣，宽度达到 1.2mm，且出现许多平行的微小裂缝。荷载继续增加，体外钢丝绳预应力增加较快，挠度增加较快，混凝土梁有 2 条主裂缝，2 条主裂缝间的混凝土被压碎。当荷载达到 51t 时，混凝土破碎严重，荷载下降，补载过程中，体外钢丝绳断裂，挠度增加较大，斜裂缝宽度突增，梁体破坏。

2. 加固梁承载力

B6、B4、B7 的混凝土强度等级分别为 C25、C30、C40，其他设计参数均一致。试验结果如图 3-15 和图 3-16 所示。当单独改变原梁的混凝土强度等级时，随着原梁混凝土强度等级的增加，加固梁的抗剪承载力增加。以 B6 的极限抗剪能力为基准，B4、B7 的抗剪承载力分别提高了 8.89%、15.56%。如图 3-15 所示，随着混凝土强度等级的增加，相同荷载作用下试验梁挠度减小，说明试验梁承载力增加。梁体出现裂缝后，图 3-16 荷载与箍筋、体外预应力钢丝绳应变变化关系表明，相同荷载作用下较基准梁相比，加固梁箍筋应变减小，由于体外钢丝绳的作用而提高了梁的极限承载力。

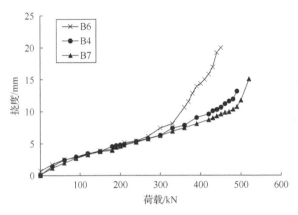

图 3-15　试验梁荷载与挠度的关系

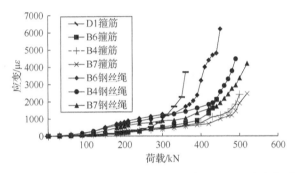

图 3-16　试验梁荷载与箍筋、体外预应力钢丝绳应变变化关系

3.2.4　剪跨比对加固效果的影响

1. 加固梁开裂

以加固梁 B1 为例，静载破坏试验裂缝分布如图 3-17 所示。B1 未加载前，最宽的受弯裂缝宽度为 0.03mm。当荷载加载到 9t 时，部分受弯裂缝有发展，出现斜裂缝。当荷载达到 15t 时，在原裂缝的位置开裂，在中性轴附近出现，X-1 宽度为 0.04mm。当荷载达到 18t 时，在原裂缝的基础上出现新的斜裂缝，YX-1 与受弯的⑤号裂缝相连。随着荷载的增加，受弯长度稍有发展，宽度逐级增加，而斜裂缝长度、宽度发展较快。当荷载达到 24t 时，③号裂缝的长度达到 20cm，宽度达到 0.12mm，YX-1 宽度为 0.12mm，YNX-2 宽度为 0.12mm。当荷载达到 36t 时，③号裂缝长度为 24cm，宽度为 0.20mm，YX-1 宽度为 0.20mm。当荷载达到 39t 时，在南侧突然出现一条新的斜裂缝（XX-1），宽度为 0.36mm，体外钢丝绳应力增加。当荷载达到 42t 时，斜裂缝向上发展至距梁顶 1.0cm 处，宽度达到 0.44mm。当荷载达到 45t 时，加载点下①号裂缝迅速向上发展至 29cm 处，宽度达到 0.34mm，④号裂缝宽度达 0.40mm。当荷载达到 53t 时，最宽的斜裂缝 XX-1 达到 1.20mm。当荷载达到 54t 时，XX-1 达到 1.8mm，并且突然出现新的斜裂缝，宽度达到 0.36mm。当荷载达到 55t 时，加载点处混凝土破碎，体外钢丝绳断裂，补载过程中，裂缝宽度突增，挠度增大，持荷困难，裂缝两侧混凝土破碎，梁体破坏。

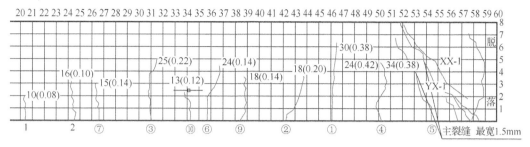

图 3-17　加固梁 B1 静载破坏试验裂缝分布

2. 加固梁承载力

B1、B4 为不同剪跨比的加固梁，剪跨比分别为 0.9、1.3，其他设计参数均一致。试验梁荷载与挠度的关系如图 3-18 所示，随着加固梁剪跨比的减小，梁跨中挠度减小，说明加固梁抗剪承载力增加。以 D1 的极限抗剪能力为基准，B1、B4 的抗剪承载力分别提高了 43.24%、32.43%。梁体出现裂缝后，试验梁荷载与箍筋、体外预应力钢丝绳应变变化关系如图 3-19 所示，相同荷载作用下较基准梁相比，试验梁箍筋应变减小，体外钢丝绳开始作用，提高了梁的整体承载力。

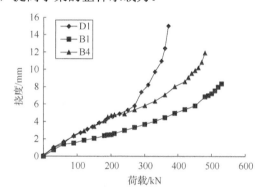

图 3-18　试验梁荷载与挠度的关系

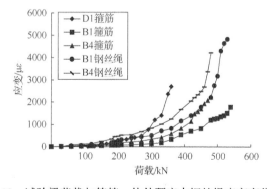

图 3-19　试验梁荷载与箍筋、体外预应力钢丝绳应变变化关系

3.2.5　布筋间距对加固效果的影响

1. 加固梁开裂

以加固梁 B16 为例,其裂缝发展情况如图 3-20 所示。当荷载达到 9t 时,受弯裂缝开始发展,最长的③号裂缝长度为 13cm,宽度为 0.10mm。当荷载达到 12t 时,在原裂缝的位置开裂,YX-1 宽度为 0.10mm,YNX-2 宽度为 0.12mm。当荷载达到 15t 时,出现新斜裂缝,该荷载作为开裂荷载,此时,最宽的斜裂缝 YNX-2 宽度为 0.20mm,YX-3 宽度为 0.18mm。随着荷载继续增加,斜裂缝长度迅速发展,受弯裂缝的长度基本不变,但宽度均逐级增加。当荷载达到 21t 时,出现新的受弯裂缝(跨中附近)和斜裂缝,此时 YX-3 宽度为 0.28mm,最宽的受弯裂缝①号裂缝宽度为 0.24mm。荷载继续增加,斜裂缝长度基本不变,宽度增加迅速,挠度增加明显。当荷载达到 30t 时,斜裂缝长度开始发展,宽度增加,受弯裂缝宽度增加缓慢。当荷载达到 33t 时,斜裂缝向上发展到距梁顶(YX-3)7.0cm 处,最宽斜裂缝宽度为 0.50mm,YX-3 宽度为 0.58mm。当荷载达到 39t 时,①号受弯裂缝急剧发展,宽度达到 1.2mm,YX-1 宽度为 0.70mm,并且一斜裂缝向上发展与另一斜裂缝相连接,形成主裂缝。当荷载达到 40t 时,斜裂缝发展到距梁顶 5.0cm 处,YX-1 宽度达到 1.2mm。当荷载达到 45t 时,加载点下混凝土出现宽度为 4.5mm 的竖向受弯裂缝,体外钢丝绳部分断裂,加载点处混凝土破碎脱落,挠度增加,梁类似折断破坏。

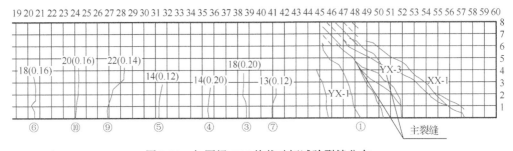

图 3-20　加固梁 B16 静载破坏试验裂缝分布

2. 加固梁承载力

布筋间距的设计实际上是体外预应力钢丝绳配筋率的参数设计,也就是体外预应力钢丝绳密度大小的体现,体外钢丝绳配置间距越小,配筋率越高。从图 3-21 中可以看出,梁体在承受荷载过程中,宏观上随着荷载的增加,挠度不断增大;但不同体外钢丝绳间距下挠度增加值有明显差别,随着体外钢丝绳间距的减小,也就是配筋密度的加大,挠度变化减小,这表明体外预应力钢丝绳起到了体外箍筋的作用。从图 3-22 中可以看出,在加固梁承受荷载过程中,同等荷载条件下,布筋间距越小的加固梁,箍筋和体外钢丝绳的应变越小,说明体外预应力钢丝绳配筋率的提高能够有效减弱体内箍筋的应变变化程度,进而提高梁体的抗剪承载力。

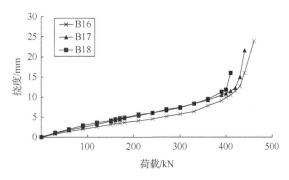

图 3-21　试验梁荷载与挠度的关系

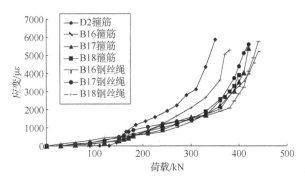

图 3-22　试验梁荷载与箍筋、体外预应力钢丝绳应变变化关系

B16、B17、B18 体外钢丝绳的间距分别为 15cm、20cm、30cm。三片加固梁与基准梁的实测抗剪极限荷载见表 3-3。

表 3-3　三片加固梁与基准梁的实测抗剪极限荷载

试验梁编号①	实测极限荷载 P_1/kN	理论极限荷载 P_2/kN	承载力提高/%	$\dfrac{P_2}{P_1}$
D2	350	338.789		0.968
B16（15）	460	494.892	31.43	1.076
B17（20）	440	459.973	25.71	1.045
B18（30）	400	433.944	14.29	1.085

注：P_1 为静载试验实测极限荷载；P_2 为基于桁架-拱理论抗剪极限荷载计算值。

　　① 括号内数值为体外钢丝绳的间距（cm）。

表 3-3 中数据表明，单独改变体外预应力钢丝绳间距时，与基准梁 D2 相比，编号为 B16、B17、B18 的加固梁极限抗剪能力均有不同程度的提高，且随着体外预应力钢丝绳布置间距的减小，极限抗剪能力提高幅度增大，提高幅度在 14.29%～31.43%。

3.2.6　体外钢丝绳预应力水平对加固效果的影响

1. 加固梁开裂

以加固梁 B9 为例，静载破坏试验裂缝分布如图 3-23 所示。未加载前，最宽的受弯裂缝为 0.08mm。荷载增加，受弯裂缝的长度基本不变，宽度略有增加，未出现斜裂缝。当荷载达到 12t 时，在原裂缝的位置开裂发展，YX-1 宽度为 0.04mm。随着荷载的增加，斜裂缝逐级向两侧发展，受弯裂缝长度略有发展。当荷载达到 21t 时，YX-1 向上并分叉形成新裂缝 XX-1。荷载继续增加，斜裂缝的数量不变，但长度、宽度逐级发展，此时受弯裂缝长度不再变化，宽度略有发展。当荷载达到 30t 时，最宽的斜裂缝 YX-1 宽度为 0.36mm，YNX-1 宽度为 0.28mm，受弯裂缝⑬号裂缝宽为 0.12mm（加载点下）。继续加载，当荷载达到 39t 时，斜裂缝出现分叉，出现多条微小的斜裂缝。当荷载达到 42t 时，YX-1 宽度为 0.62mm，YNX-1 宽度为 0.50mm。继续加载，受弯裂缝长度不变，宽度增加，斜裂缝开展较快，箍筋开始屈服。当荷载达到 48t 时，YNX-1 分叉开裂，XX-2 发展至距梁顶 1.5cm 处，形成两条主裂缝，两条主裂缝间的混凝土被压碎，加载点处混凝土破裂脱落，箍筋退出工作，体外钢丝绳应力突增。当荷载达到 49t 时，持荷困难，混凝土破裂严重，补载过程中，体外钢丝绳断裂，加载点处混凝土压碎，斜裂缝迅速开展，挠度增加，梁体破坏。

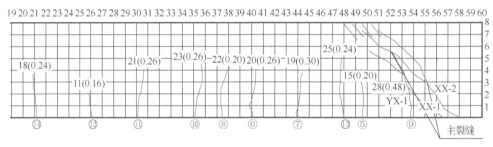

图 3-23　加固梁 B9 静载破坏试验裂缝分布

2. 加固梁承载力

加固梁 B8、B4、B9 的体外预应力钢丝绳预应力分别为 658MPa、822MPa 和 986MPa，其他设计参数一致。三片加固梁与基准梁静载破坏试验结果见表 3-4 和表 3-5。表 3-4 中数据表明，随着体外预应力钢丝绳预应力水平的提高，加固梁抗剪能力与基准梁相比均有提高，但提高的幅度相差不大，这是与理论相符的。

表 3-5 中数据表明，总体上，随着体外预应力钢丝绳预应力水平的提高，在相同裂缝宽度时，荷载不断增加，B4 梁的试验数据有异常，可能为混凝土强度等级与实际不符等因素所致。总体看来，体外预应力钢丝绳预应力的水平会直接影响加固梁使用阶段的抗裂性能，提高体外预应力钢丝绳预应力的水平可提高加固梁的斜截面抗裂性。

表 3-4　抗剪承载能力比较表

梁号	屈服荷载/kN	极限荷载/kN	加固后极限荷载/kN	提高值/%
D1	300	370		
B4	420		490	32.43
B8	380		460	24.32
B9	400		480	29.73

表 3-5　典型裂缝与荷载对照表　　　　（单位：kN）

梁号	荷载						
	0.2mm 裂缝	0.3mm 裂缝	0.5mm 裂缝	0.7mm 裂缝	1.0mm 裂缝	1.2mm 裂缝	1.5mm 裂缝
D1	185	215	290	300	320	340	370
B8	190	240	300	360	400	440	460
B4	240	300	400	420	450	460	490
B9	210	270	360	420	450	460	480

为了避免荷载作用下钢丝绳与混凝土之间的应变差，确保钢丝绳抗剪作用的及时发挥，对三片梁的体外钢丝绳施加了不同的预应力，并与原梁在荷载作用下的挠度和钢丝绳、箍筋的应变进行了对比，如图 3-24 和图 3-25 所示。随着预应力水平的提高，同等荷载作用下，梁挠度值减小，箍筋和体外钢丝绳的应变也相应减小。

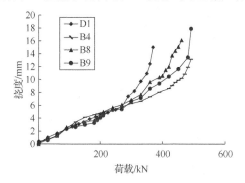

图 3-24　试验梁荷载与挠度的关系

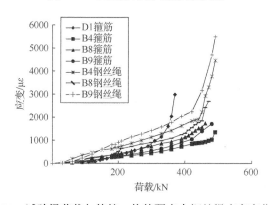

图 3-25　试验梁荷载与箍筋、体外预应力钢丝绳应变变化关系

3.2.7　带载水平对加固效果的影响

带载加固梁带载情况符合现役桥梁的实际工况，带载梁加固过程不同于其他加固梁，由于原梁预裂损伤不需要卸载，因此在注胶加固时梁体预裂缝保持开裂状态，宽度随带载水平的不同而不同；同时在绑扎体外预应力钢丝绳时梁体处于下挠状态，绑扎施工更加接近工程实际。因此带载梁的试验情况与其他试验梁在开裂和极限荷载等方面有

显著不同，即其开裂荷载、极限荷载均有所降低。

1. 试验梁开裂

以加固梁 B19 为例，其静载破坏试验裂缝分布如图 3-26 所示。在荷载加载至 9t 时，试验梁剪跨区、跨中均出现受弯裂缝。当荷载增加至 11t 时，试验梁梁体两侧均出现斜裂缝 X-1、X-2、NX-1、NX-2，且梁体两侧的斜裂缝均对称出现，X-1 走向沿加载点与支点的连线，高度为 16cm，宽度为 0.06mm，X-2 走向与试验梁中性轴成 45°，高度为 16cm，宽度为 0.05mm，梁体剪跨区及跨中的受弯裂缝长度无发展，宽度增大。当荷载增加至 14.5t 时，试验梁梁体南侧出现斜裂缝 X-3，走向与加载点与支点的连线平行，高度为 9cm，宽度为 0.06mm，梁体上斜裂缝向加载点、支点两侧延伸，主斜裂缝 X-1 高度为 27cm，宽度为 0.2mm，梁体跨中受弯裂缝长度向上延伸，宽度继续增大。当荷载增加至 22t 时，试验梁梁体上的主斜裂缝 X-1 向加载点方向延伸，高度为 33cm，宽度为 0.52mm，梁体剪跨区及跨中受弯裂缝长度向上发展，宽度继续增大。荷载保持在 22t，对该试验梁进行钢丝绳体外预应力加固，加固后继续进行分级加载。当荷载增加至 30t 时，试验梁梁体两侧原斜裂缝 YNX-1、YNX-2、YNX-3、YX-1、YX-2、YX-3 开裂，YX-1 高度为 18cm，宽度为 0.06mm，YX-2 高度为 15cm，宽度为 0.04mm，YX-3 高度为 20cm，宽度为 0.1mm，且两侧裂缝对称出现。当荷载增加至 33t 时，梁体剪跨区及跨中受弯裂缝长度无延伸，宽度继续增大，梁体南侧出现新斜裂缝 XX-1，位于加载点下方，走向与加固梁中性轴成 45°，高度为 23cm，宽度为 0.5mm，梁体主斜裂缝 YX-2 向加载点延伸，高度为 17cm，宽度为 0.2mm。当荷载增加至 36t 时，加固梁梁体南侧主斜裂缝 YX-2 迅速伸展至荷载垫板边缘，且梁体混凝土裂通，宽度为 1.0mm，其余斜裂缝均向加载点延伸。当荷载增加至 38t 时，梁体剪跨区及跨中受弯裂缝无发展，宽度增大，梁体斜裂缝无发展，主斜裂缝宽度为 1.1mm。当荷载增加至 40t 时，受压区混凝土开裂脱落，梁体主裂缝使梁体混凝土裂通，宽度为 1.5mm，体外钢丝绳断裂，加固试验梁破坏。

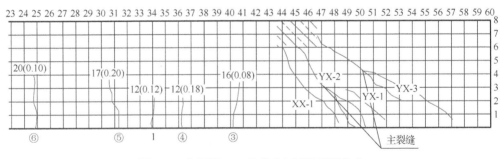

图 3-26　加固梁 B19 静载破坏试验裂缝分布

2. 加固梁承载力

B20、B19、B21 带载水平分别为基准梁极限荷载的 50%、60%、70%。试验结果见表 3-6。与基准梁相比，加固梁体内箍筋屈服荷载增大，极限荷载均有不同程度的提高，

B20 极限荷载提高 14.28%，B19 极限荷载提高 8.57%，B21 极限荷载提高 2.86%。可见，梁带载水平不同，抗剪加固后极限承载力不同。随着带载水平的提高及原梁损伤程度的增大，梁体内箍筋屈服荷载降低，抗剪极限承载力提高的程度降低。加载过程中试验梁挠度、箍筋、体外钢丝绳应变随荷载变化情况分别如图 3-27 和图 3-28 所示。

表 3-6　带载水平对试验梁承载力的影响

梁号	带载水平/%	体内箍筋屈服荷载/kN	箍筋屈服荷载提高率/%	实测极限荷载/kN	极限荷载提高率/%
D2		270		350	
B20	50	360	33.33	400	14.28
B19	60	330	22.22	380	8.57
B21	70	300	11.11	360	2.86

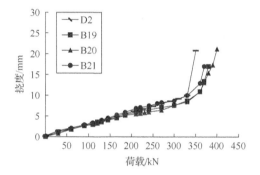

图 3-27　试验梁荷载与挠度的关系

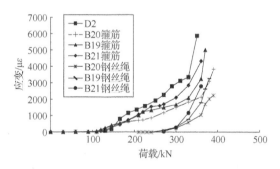

图 3-28　试验梁荷载与箍筋、体外预应力钢丝绳应变变化关系

从图 3-28 中可以看出，加固梁体内箍筋从受荷载作用开始就产生应变，这是由于带载状态的损伤加固梁在损伤后没有卸载，所以箍筋产生的应变为在损伤和带载状态下发生的原始应变。梁在此状态下用体外钢丝绳进行加固，钢丝绳没有应变，此时梁为损伤带载下的加固梁。二次加载后当荷载增加到 210kN 时，体外预应力钢丝绳开始产生应变，晚于体内箍筋产生应变，这也是不同于其他加固梁工作状态的表现。

3.2.8　损伤程度对加固效果的影响

研究损伤程度对加固效果的影响试验过程是在原梁预裂损伤时,基于极限荷载的基础上对不同的试验梁进行分等级施加荷载,梁体上形成不同宽度的预裂缝,进而模拟不同损伤程度的试验梁,然后对试验梁进行常规加固。在这一过程中,梁体裂缝宽度成为损伤程度的外在表现,对于损伤程度大即裂缝宽度大的梁,注胶加固充分,反而更能体现加固效果,这一点清晰地体现在极限承载力上。为了更加准确地表述损伤程度与加固效果的关系,对 4 片加固梁进行了系统分析。

1. 加固梁开裂

以加固梁 B15 为例,其静载破坏试验裂缝分布如图 3-29 所示。当荷载增加到 3t 时,原梁受弯裂缝宽度稍有增加,最宽裂缝 2 号裂缝达到 0.12mm。当荷载达到 6t 时,在原裂缝的位置出现开裂,并出现新的受弯裂缝,荷载增加,斜裂缝向两侧发展。当荷载达到 12t 时,出现新的斜裂缝,受弯裂缝宽度逐级增加,且数量有所增加。当荷载达到 18t 时,斜裂缝数量增加,长度继续发展,受弯裂缝的长度基本不变,宽度增加。当荷载达到 30t 时,受弯裂缝的长度有发展,且数量继续增加。当荷载达到 42t 时,梁北侧突然出现新的斜裂缝 NXX-1,宽度为 0.20mm,由梁底开展,高度为 25cm,此时斜裂缝的长度发展缓慢,宽度增加迅速,YNX-3 此时最宽为 0.76mm,且 XX-1 与 YX-1 相连接。当荷载达到 43t 时,XX-1 向上发展至距梁顶 3.0cm 处,荷载增加,裂缝的长度不变,宽度突增。当荷载达到 46t 时,荷载下降,持荷困难,在补载过程中,体外钢丝绳开始相继拉断,斜裂缝宽度急剧增加,主裂缝附近出现多条微小的斜裂缝,裂缝边缘混凝土破碎,有碎渣,挠度增加,梁体破坏。

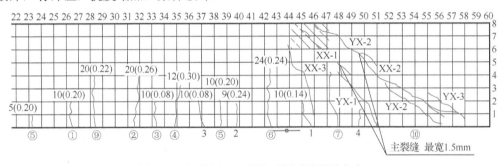

图 3-29　加固梁 B15 静载破坏试验裂缝分布

2. 加固梁承载力

原梁损伤程度对加固后试验梁承载力的影响见表 3-7。结果表明,除 B14 外,随着损伤程度的增加,加固效果降低,而损伤程度为 80%时,承载力较损伤程度 70%的承载力几乎未降低。主要原因是梁体损伤程度大,裂缝宽度大,注胶加固效果好,对损伤的修复较彻底;而损伤程度为 50%～70%时,注胶修复效果较差,加固效果也较差。加载过程中,挠度,体外预应力钢丝绳、箍筋应变随荷载变化的情况分别如图 3-30 和

图 3-31 所示。

表 3-7　原梁损伤程度对加固后试验梁承载力的影响

损伤程度	梁号	加固前开裂荷载/kN	加固后开裂荷载/kN	提高率/%
	D2	145		
50%	B13	120	180	50
60%	B15	130	175	34.61
70%	B10	130	170	30.76
80%	B14	110	170	54.55

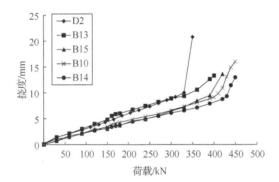

图 3-30　试验梁荷载与挠度的关系

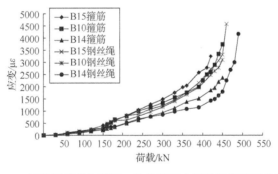

图 3-31　试验梁荷载与箍筋、体外预应力钢丝绳应变变化关系

3.2.9　损伤程度和带载水平对加固梁的共同影响分析

　　为分析损伤程度及带载水平对加固梁斜截面抗裂性的影响，3 片加固梁在原梁损伤程度 70%、分别带载 53%、63%、70%条件下进行抗剪极限承载力测试，将加固梁与基准梁的裂缝宽度与对应荷载列于表 3-8 中。从表 3-8 中可以看出，试验梁的斜裂缝宽度在加载初期的同级试验荷载下表现出带载水平越高，裂缝宽度越小的趋势，这主要是因为带载水平越低，加固前梁的裂缝宽度越小，而裂缝宽度越小，注胶效果越差。在接近

梁破坏时，带载水平越高，裂缝宽度发展速度越快，导致带载水平高的梁承载力降低。表 3-9 为相同裂缝宽度下不同试验梁的荷载情况对比。由表 3-9 可以看出，比较在同一裂缝宽度时各梁所对应的试验荷载，发现随着加固梁带载水平的提高，同一裂缝宽度所对应的荷载降低。可以得出结论，体外预应力钢丝绳抗剪加固时梁的带载水平越高，损伤程度越大，加固梁斜截面的抗裂性越低。

表 3-8　试验梁荷载-裂缝宽度对比表

荷载等级/kN	裂缝宽度/mm			
	D2	B20 带载水平为 53%	B19 带载水平为 63%	B21 带载水平为 70%
加固前		0.30	0.52	1.10
230	0.38	0.03		
240		0.05	0.03	
260	0.64			0.05
270	0.80	0.13	0.04	
300	1.30	0.30	0.05	0.07
330	1.40	0.35	0.20	0.08
360		0.50	0.28	1.50
370		0.80	0.30	
380		0.85	1.50	
390		0.85		

表 3-9　相同裂缝宽度下不同试验梁的荷载情况对比　　　　　　（单位：kN）

试验梁编号	荷载	
	0.1mm 裂缝	0.5mm 裂缝
D2	165	270
B20	260	360
B19	300	370
B21	300	

3.2.10　加固梁抗剪极限承载力汇总

对 RC 梁进行体外预应力钢丝绳加固的目的是提高其抗剪承载力，通过试验表明，加固梁极限抗剪能力显著增强，基准梁与各加固梁的屈服荷载和极限荷载如表 3-10 所示。

表 3-10 中的数据表明，加固梁较基准梁的抗剪承载力均有不同幅度的提高，提高程度最大达 48.64%。

表 3-10　基准梁与各加固梁的屈服荷载和极限荷载

编号	加固前屈服荷载/kN	加固后屈服荷载/kN	提高率/%	加固前极限荷载/kN	加固后极限荷载/kN	提高率/%
D1	300			370		
B1		460	53.33		530	43.24
B2		320	6.67		420	13.51
B3		400	33.33		450	21.62
B4		420	40.00		490	32.43
B5		480	60.00		550	48.64
B6		380	26.67		450	21.62
B7		420	40.00		520	40.54
B8		380	26.67		460	24.32
B9		400	33.33		480	29.73
D2	270			350		
B10		360	33.33		450	28.57
B11		340	25.93		400	14.28
B12		380	40.74		440	25.71
B13		330	22.22		400	14.28
B14		360	33.33		420	20.00
B15		390	44.44		450	28.57
B16		390	44.44		460	31.42
B17		360	33.33		440	25.71
B18		330	22.22		400	14.29
B19		330	22.22		380	8.57
B20		360	33.33		400	14.29
B21		300	11.11		360	2.86
D3	280			340		
B22		320	14.29		390	14.71
B23		300	7.14		370	8.82

3.3　加固梁加固机理分析

体外钢丝绳对损伤状态下的矩形梁进行加固,钢丝绳参与加固的过程是:在梁体发生损伤后,利用钢丝绳对损伤梁进行加固,当再次加载时,由于损伤梁已经产生裂缝,这时体外钢丝绳直接进入抗剪状态,发挥腹筋作用承担剪力,有效限制斜裂缝发展,主动参与抗剪。参考钢筋混凝土结构设计原理,加固梁剪切破坏机理如图 3-32 所示。钢丝绳发挥 3 方面的作用:一是与体内箍筋共同拉住供体 II 和 III,从而确保纵向钢筋的销栓作用能够充分发挥；二是与箍筋共同参与抗剪，限制裂缝的发展；三是箍筋和钢丝绳共同作用使 II 和 III 所承受的主压应力向上传递给具有承载潜力的部分。由此可以看出，体外钢丝绳的抗剪承载机理与腹筋相似，所以可以采取桁架-拱模型对体外钢丝绳的抗剪加固机理进行分析。

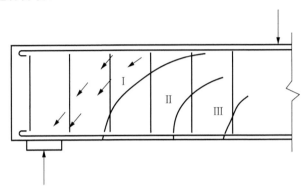

图 3-32　加固梁剪切破坏机理

基于对桁架-拱模型的分析及试验研究可以得知，可以用桁架-拱模型来模拟体外钢丝绳加固 RC 梁的受力机理，并且解释其破坏机理。即体外钢丝绳与箍筋的作用机理相似，可视为受拉腹杆，就是说增加了体外钢丝绳就相当于增设了体外箍筋，但钢丝绳在发挥抗剪加固作用的过程中，有 3 个优点是箍筋无法做到的：一是体外钢丝绳可以在梁体已经产生损伤的情况下进行增设加固；二是承受外荷载时体外钢丝绳能够先于体内箍筋发挥作用，进行主动加固，限制裂缝发展，同等荷载作用下，体外钢丝绳应变开始出现变化的时间早于箍筋，在箍筋尚未达到屈服之前就对其进行保护，并且在屈服之后仍能发挥抗剪作用，从而使其他箍筋也能够最大限度地参与抗剪，提高箍筋的利用率；三是由于钢丝绳具备软钢特性，有较高的变形能力，因此能够与梁整体的变形协调一致，从而有效减少梁体的突然破坏。

3.4　体外钢丝绳预应力损失

由于钢丝绳属于软钢，在参与抗剪加固时存在松弛现象而导致预应力损失，这种现象会削弱钢丝绳的加固效果，因此合理确定因钢丝绳材料的松弛而导致的预应力损失十分必要。为研究体外钢丝绳的预应力损失，对一片损伤梁进行体外钢丝绳 U 形封闭布束方式加固，沿梁跨径方向每隔 15cm 布置一道钢丝绳，共布置 8 道，并进行预应力张拉，张拉控制应力采用 $0.5 f_{pk}$。在梁端抗剪加固区域的体外钢丝绳上布置了 16 个应变测点，如图 3-33 所示。测出张拉后的钢丝绳预应力，抽出 6 个测点进行预应力损失分析，这 6 个测点的预应力瞬时值见表 3-11。

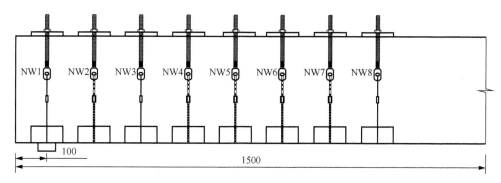

图 3-33　体外钢丝绳预应力损失试验的测点布置（单位：mm）

表 3-11　预应力施加后的瞬时值

测点	27	2	33	34	36	37
预应力值/MPa	802	83	770	592	631	629

　　对 6 个测点的时间界限点进行统计分析，经验证明界限点服从 t 分布。取置信度为 95% 时，求得置信区间为 0.08888～0.16809，由 Excel 进行处理，见表 3-12。通过分析可知，钢丝绳加固在施加预应力之后会发生预应力损失，在 1～10d 内损失最大，在 10～20d 内损失相对较小，20d 之后基本不发生损失。所以对体外钢丝绳施加预应力时要考虑到钢丝绳的损失部分。

表 3-12　钢丝绳预应力损失的数据统计

指标名称	指标数值
样本容量	6
样本均值	0.12848
抽样平均误差	0.01541
置信度	0.95
自由度	5
t 分布的双侧分位数	2.57058
允许误差	0.03960
置信下限	0.08888
置信上限	0.16809

3.5　本 章 小 结

　　本章描述了基准梁和加固梁的破坏形态，分析了体外钢丝绳的加固和破坏机理；通过对加固梁的抗剪性能试验分析，系统阐述了纵筋配筋率、配箍率、剪跨比、混凝土强度、体外钢丝绳间距、原梁损伤程度、带载水平、体外钢丝绳预应力等因素对加固效果的影响；讨论了体外钢丝绳在加固过程中的预应力损失。通过以上内容可知，体外预应力钢丝绳抗剪加固可有效提高 RC 梁的承载力，限制梁体裂缝的发展，加固后梁的开裂荷载得到明显提高，幅值在 23.08%～58.33%，说明钢丝绳加固后能够推迟原梁开裂的时间。体外预应力钢丝绳抗剪加固可减少体内箍筋的应变，延迟箍筋的屈服时间，提高加固梁的抗剪承载力。试验结果表明，梁体混凝土开裂前，加固梁的钢筋应变与未加固梁的钢筋应变相近；混凝土开裂后，同级荷载作用下，随着原梁纵筋配筋率的增大、箍筋配筋率的提高、混凝土强度等级的增加、体外预应力钢丝绳间距的减小，体内箍筋的应变减小。同时，随着原梁纵筋配筋率的增大、箍筋配筋率的提高、混凝土强度等级的增加、体外钢丝绳间距的减小，箍筋的屈服荷载增大，抗剪能力逐渐提高。体外预应力钢丝绳的加固机理可以用桁架-拱模型来模拟和解释，体外钢丝绳相当于腹筋，主动与箍筋共同承担剪力。体外预应力钢丝绳在加固过程中会发生预应力损失，在加固施工过程中须考虑，并且在合理范围内对预应力进行适当调整。

第4章　RC 梁有限元理论

4.1　有限元理论概述

随着航空、铁路、土木建筑等工程技术方面的飞速发展，力学作为设计、分析的基础工具而备受重视，在力学运算研究初期，提出了变分法、差分法、松弛法等计算方法，但这些方法只能对简单结构做出分析，对结构复杂、材料复杂的结构难以精确计算分析。随着人们对力学的逐步研究探索和深入开发，利用计算机求解杆系结构力学的力法和变位法基础方程，由此形成矩阵力法和矩阵位移法。20 世纪 40 年代以后，人们开始研究探索新的力学计算方法，经过十余年的不懈努力研究，在 20 世纪 50 年代中期，想到把连续介质离散成一组单元，使无限自由度问题转化成有限自由度问题，通过计算机进行计算分析求解，解决了复杂结构、复杂材料的设计、分析、模拟问题。随着近几十年对这项研究实践的不断深入，有限元分析方法已经被广泛运用到流体力学、热传导、电磁学等多个领域中，成为一种重要的计算方法，并为工程科学技术发展作出了卓越贡献。目前钢筋混凝土结构在工业与建筑、桥梁、公路等中广泛应用，因此对它的研究意义重大。

非线性有限元从 20 世纪 60 年代发展至今，大体分为简单分析、深入分析和广泛应用 3 个阶段。早在 20 世纪 60 年代，美国学者 Ngo 和斯科德利斯最早利用有限元法对 RC 梁进行抗剪分析，提出了三角单元理念，即将单元划分为三角形而不是今天的六面体，在分析钢筋和混凝土时利用线弹性理论研究应力变化情况，并在钢筋和混凝土之间设置了黏结弹簧以分析研究黏结应力状态。在这个阶段中，尼尔森在 Ngo 和斯科德利斯的工作基础上提出了分布裂缝模式，将钢筋分布在混凝土单元中。1977 年，钢筋混凝土非线性有限元的研究进入了深入分析阶段，在此阶段深入研究了裂缝的模拟和拉伸强化、骨料咬合及销栓作用、黏结等内容。1985 年以来，随着土木建筑的快速发展，钢筋混凝土的应用越来越广泛和普遍，而对于钢筋混凝土的非线性有限元的研究分析和利用也逐步趋于成熟，其广泛用于前期设计和后期理论验证，研究领域也进一步扩大，逐步涉及动力学、冲击荷载下的分析。随着研究领域的扩大和研究方向的拓展，非线性有限元的分析重点也逐步向模型和材料参数发展，而同样受到重视的还有高强混凝土及受约束混凝土结构的非线性有限元分析，材料非线性、几何非线性分析和与混凝土时间因素有关的荷载、预应力、环境条件、徐变、收缩、老化、热效应和预应力钢筋的松弛等非线性分析。

4.2　钢筋混凝土的非线性有限元分析

4.2.1　有限元分析原理

钢筋和混凝土是典型的非线性结构材料，是当今建筑结构中使用最多的建筑材料，这两种材料的受力分析成为材料分析应用的重要理论依据。对结构进行分析，是利用数学运算对结构进行模拟—计算—求解，首先人们采用各种方法对结构进行模拟，把结构虚拟成一种数学方式表达出来，包括微分方程、变分原理、加权残值方程、边界积分方程等，与场函数差值等计算方法结合，演绎出差分法、有限元法、加权残值法、经典Ritz 法、半解析法、边界元法等计算分析方法，而对于非线性分析计算，有限元法是最能够真实模拟的有效方法。其核心思想归纳如下。

1）将一个表示结构或连续体的求解域离散为若干个子域（单元），并通过它们边界上的节点相互联结成组合体。单元在空间可以是一维、二维或三维的，而且每一种单元可以有不同的形状。

2）用每个单元内所假设的近似函数来分片地表示全求解域内待求的未知场变量。每个单元内的近似函数由未知场函数在单元各个节点上的数值与其对应的插值函数来表达。由于在联结相邻单元的节点上，场函数应具有相同的数值，因而将它们用作数值求解的基本未知量，求解待求场函数的无穷多自由度问题就转换为求解场函数节点值的有限自由度问题。

3）通过与原问题数学模型等效的变分原理或加权余量法，建立求解基本未知量的代数方程组或常微分方程组。这个方程组称为有限元求解方程，以矩阵形式表示，用数值方法求解方程，得出计算结果。

4.2.2　有限元应用软件

20 世纪 60 年代以来，随着计算机科学应用技术的快速发展，人们研究了大量用于科学研究和工程应用的软件，主要有德国的 ASKA，英国的 PAFEC，法国的 SYSTUS，美国的 ABQUS、ADINA、ANSYS、BERSAFE、BOSOR、COSMOS、ELAS、MARC和 STARDYNE 等公司的产品，为科学技术研究和工程应用作出了诸多贡献。ANSYS公司是美国著名力学家、美国匹兹堡大学力学系教授 John Swanson 博士于 1970 年创建并发展起来的，是目前世界计算机辅助工程行业中最大的公司，引领了有限元的发展趋势，为全球工业界所广泛接受。在 50 余年的发展过程中，ANSYS 软件经过不断改进提高，目前已经发展到 19.0 版本。ANSYS 软件是集结构、热、流体、电磁场、声场和耦合场分析于一体的大型通用有限元分析软件，涵盖了机械、航天航空、能源、交通运输、土木建筑、水利、电子、生物、医学和教学科研、原子能等众多领域，可在大多数计算机和操纵系统（如 Windows、UNIX、Linux 等系统）中运行，可与大多数计算机辅助设计（computer aided design，CAD）软件对接。随着有限元理论和计算机硬件的发展，计算机辅助工程技术和软件越来越成熟，已逐渐成为工程师实现工程创新、产品创新的得力助手和有效工具。

4.2.3　有限元法在 RC 梁分析中的应用

钢筋混凝土是目前工业、交通、民用建筑中的主要材料,它们的材料非线性、几何非线性、边界非线性等材料属性决定了其在结构分析模拟中的复杂性。如果用线弹性方法进行模拟,则很难真实准确地计算分析出实际受力情况,进而影响钢筋混凝土的结构设计和使用,而有限元非线性分析能够解决这些问题。利用有限元非线性分析,可以模拟钢筋与混凝土之间的黏结,可以提供大量的结构受力状态信息,如应力变形的全过程、结构开裂以后的各种状态,显示结构受荷载作用后,从弹性变形到开裂破坏的全过程。有限元非线性分析在 RC 梁分析中的应用如下。

1. 解决材料复杂问题

有限元可以对多种非匀质材料、复杂本构关系材料进行模拟分析,就混凝土而言,混凝土的材料混合性决定了它的应力-应变非线性,水、砂石、骨料和外加剂共同作用致使其硬化后仍然留有自由水和空隙,受力形成微小裂缝,并随着荷载逐步增加而发展,同时受到温度和荷载影响而产生收缩和徐变,因此混凝土是一种典型的非线性材料。有限元可以通过本构关系的定义较为准确地分析非线性材料,并可以通过温度变化等方法模拟荷载条件,而对于这些问题,利用传统物理模型和传统计算方法均无法准确模拟。

2. 解决受力状态不同步问题

在结构受力过程中,混凝土主要体现的是强大的抗压能力,而钢筋主要发挥抗拉能力,在混凝土抗压达到非线性发展时,钢筋依然体现弹性特征,如果用线弹性方法分析结构状态显然不准确,有限元非线性分析可以解决这一问题。

3. 解决边界条件问题

传统线弹性分析无法解决包括钢筋混凝土之间黏结、裂缝处理、混凝土徐变等问题。线弹性分析假设钢筋和混凝土之间没有滑移,而实际情况是在受力过程中构件在反复荷载作用下必定会出现滑移现象,非线性滑移单元可以解决这一问题;同时非线性分析还可以处理裂缝和混凝土徐变等问题,使计算分析结果更加贴近实际受力和变形情况。

4. 方便方案优化调整,验证试验方案

通过前处理和后处理功能,对有限元各种设计方案进行模拟分析,从而选择最佳设计方案;同时应用有限元进行模型分析的结果在与试验结果对比后,可以作为试验的理论支撑支持验证试验方案和效果。

5. 作为理论研究的有力工具

在 RC 梁的实际研究过程中,试验梁的规模和数量往往受到试验场地、资金的限制而无法全面实现,利用非线性有限元理论分析可以弥补这一缺陷。理论计算可以对试验梁参数进行大量设计,替代试验进行大量参数分析,得出统计数据和规律,进而得到理想的试验效果。

4.3　RC 梁有限元分析的基本假设

关于有限元模型的建立及计算方法有很多，这里不再赘述，仅叙述本节建立模型所需的基本理论。

4.3.1　模型的选择

由于钢筋混凝土结构中包含钢筋和混凝土两种材料，考虑它们的材料特性，建立模型大致有 3 种方式，即整体式、分离式和组合式[9]。

1. 整体式模型

整体式模型将钢筋与混凝土变成一种材料进行力学分析，把单元视为连续均匀的材料，一次求得综合的单元刚度矩阵 K，即

$$K = \int B^T D B \mathrm{d}V \tag{4-1}$$

$$D = D_c + D_s \tag{4-2}$$

式中：B ——几何矩阵；

　　　D_c ——混凝土弹性矩阵；

　　　D_s ——钢筋弹性矩阵；

　　　V ——单元体积，即钢筋均匀分布在混凝土单元中，表示综合单元。

2. 分离式模型

分离式模型把混凝土和钢筋作为 2 种单元来处理，即把钢筋和混凝土分别划分为适当大小的单元，并在钢筋与混凝土之间插入联结单元，一般采用双弹簧联结单元、四节点或六节点单元，如图 4-1 所示。

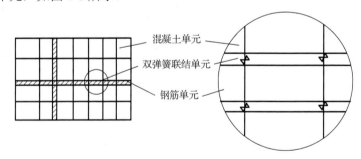

图 4-1　分离式模型

3. 组合式模型

组合式模型适用于大型结构分析，该模型假设钢筋与混凝土之间黏结很好，不产生相对滑移。在单元分析时，分别求得混凝土和钢筋对单元刚度矩阵的贡献，组成一个复合的单元刚度矩阵。组合式模型分为分层组合式模型和钢筋与混凝土复合单元两种。

　　分层组合式模型将构件沿纵向分成若干单元,再将每个单元在其横截面上分成许多混凝土条带和钢筋条带,并假定每一条带上的混凝土应力或钢筋应力均匀分布,如图 4-2 所示,然后根据钢筋和混凝土的实际应力-应变关系及截面平衡条件计算截面内力。

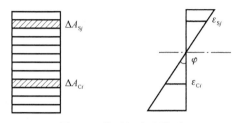

图 4-2　分层组合式模型

　　钢筋与混凝土复合单元是单元刚度矩阵中包含钢筋与混凝土各自的贡献,即对钢筋、混凝土复合单元的单元刚度矩阵进行叠加,即

$$K^{e} = \left[K_{c}\right]^{e} K_{s} \tag{4-3}$$

式中：K^{e}——复合单元刚度矩阵；

　　　　$\left[K_{c}\right]^{e}$——混凝土单元刚度矩阵；

　　　　K_{s}——钢筋单元刚度矩阵。

则相应的单元节点力为

$$F^{e} = F_{c}^{e} + F_{s}^{e} = K^{e}\delta^{e} \tag{4-4}$$

式中：F_{c}^{e}——混凝土单元节点力；

　　　　F_{s}^{e}——钢筋单元节点力；

　　　　δ^{e}——单元结点位移。

4.3.2　单元的选择

1. 混凝土单元

　　本节钢筋混凝土梁的混凝土模拟采用 Solid65 单元,如图 4-3 所示。Solid65 单元是在 Solid45 单元的基础上考虑混凝土的特性而建立的,是专为混凝土、岩石等抗压能力远大于抗拉能力的非均匀材料开发的单元,因此该单元除具有 Solid45 单元的特性外,还能够较好地预测和模拟混凝土的开裂、压碎,被广泛运用到大型钢筋混凝土结构的模拟分析上。其模拟行为是将混凝土梁划分为若干个六面体,在求解区域看作由许多节点相互联结的单元所构成,其模型利用数学近似法及模型给出的近似方程对物理单元进行计算,即用有限数量的未知量逼近无限未知量的真实计算模拟。

　　Solid65 单元具有 8 个节点,每个节点具有 3 个自由度,即 X、Y、Z 3 个方向的线位移。其基本假设为：单元中任何节点都能产生开裂。在本构关系的选择上,可考虑多线性等向强化模型（multilinear isotropic hardening plasticity, MISO）、多线性随动强化模型（multilinear kinematic hardening plasticity, MKHP）、德鲁克-普拉格（Drucker-Prager, DP）模型等。

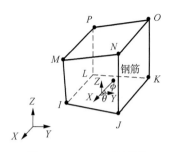

图 4-3　Solid65 单元图

2. 钢筋及体外钢丝绳单元

本文钢筋和体外钢丝绳模拟选择 link8 单元，link8 单元为两节点单元，每个节点有 3 个自由度，可以在 X、Y、Z 3 个方向平移。该单元具有塑性、蠕变、应力刚化、大变形、大应变功能，如图 4-4 所示。

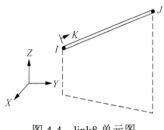

图 4-4　link8 单元图

3. 垫块单元

本节非线性有限元分析模型加载时在加载点设计了垫块单元，目的是防止由于应力集中导致附近混凝土单元的突然破坏，使运算中止而导致求解失败。垫块单元采用 Solid45 单元，弹性模量比 Solid65 单元设置高一个数量级，目的是增大其刚度[10-11]。

4.3.3　材料的本构关系

混凝土和钢筋的本构关系选择要尽量接近实际情况，以确保计算模型能够对结构进行更好的模拟和描述，获得理想的数值分析结果。以下对 RC 梁非线性有限元常用的本构关系进行介绍[12]。

1. 混凝土的本构关系

混凝土的本构关系是指在外部作用下，混凝土材料内部应力与应变之间的物理关系，分为线弹性、非线弹性、弹塑性和其他力学模型 4 种。由于混凝土属于多相复合材料，一般的本构关系建立方法都是在现有的连续介质力学本构理论的基础上，结合所采用混凝土的力学属性来确定或调整本构关系中所需的材料参数样本。混凝土材料内部应力-应变关系指的是在一定时期的加载过程中，混凝土所体现的应力-应变曲线，是结构分析、研究受力性能的重要依据。随着非线性有限元的发展应用，国内外专家学者对混凝土的本构关系进行了系统的研究，总结了很多种本构关系曲线，我们可以结合所研究对象的具体工况选择适合的本构关系。

典型的混凝土材料应力-应变曲线如图 4-5 所示。在受压区段中，混凝土在达到最大抗压强度的 30% 以前基本保持线弹性状态，之后混凝土的应力逐步增加到其最大抗压强度，随后出现软化，最终混凝土在应力达到最大压应力时被压坏。故在初始受拉区段中，可以近似认为混凝土按照线弹性曲线达到抗拉强度，然后开裂并逐步丧失承载力。

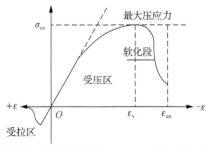

ε_v ——混凝土承受最大压应力时的应变； ε_{cu} ——正截面的混凝土极限压应变。

图 4-5 典型的混凝土材料应力-应变曲线

建立模型时如果不输入本构关系，在混凝土开裂和压碎之前，ANSYS 采用默认的本构关系，即混凝土和钢筋均采用线性本构关系。要输入混凝土的本构关系，需要事先确定采用何种单轴受压的应力-应变关系，在常规的钢筋混凝土结构有限元分析中，建议采用《混凝土结构设计规范（2015 年版）》（GB 50010—2010）推荐公式或 Hongnestad 公式。下面就这两种本构关系公式进行简要介绍。

1）Hongnestad 本构关系。二次抛物线加斜直线模型由美国的 Hongnestad 于 1951 年提出，是目前世界上应用广泛的混凝土本构关系之一。曲线上升段为抛物线，下降段为斜直线。上升段和下降段具体表达式分别为式（4-5）和式（4-6）。混凝土 Hongnestad 本构关系曲线如图 4-6 所示。

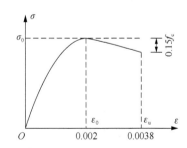

图 4-6 混凝土 Hongnestad 本构关系曲线

上升段：

$$\sigma = \sigma_0 \left[\frac{2\varepsilon}{\varepsilon_0} - \left(\frac{\varepsilon}{\varepsilon_0} \right)^2 \right], \quad 0 \leqslant \varepsilon \leqslant \varepsilon_0 \tag{4-5}$$

下降段：

$$\sigma = \sigma_0 \left(1 - 0.15 \frac{\varepsilon - \varepsilon_0}{\varepsilon_u - \varepsilon_0} \right), \quad \varepsilon_0 \leqslant \varepsilon \leqslant \varepsilon_u \tag{4-6}$$

式中：σ——应力值；

$\quad\quad\varepsilon$——σ 对应的应变值；

$\quad\quad\sigma_0$——混凝土受压应力峰值；

$\quad\quad\varepsilon_0$——σ_0 对应的应变值；

$\quad\quad\varepsilon_u$——受压状态下混凝土的极限压应变。

Hongnestad 建议理论分析时取 $\varepsilon_u = 0.0038$，而在设计中可取 $\varepsilon_u = 0.003$；建议取斜率为 15% 的斜直线考虑混凝土的下降段。

2）我国《混凝土结构设计规范（2015 年版）》（GB 50010—2010）中提出混凝土单向受压的应力-应变关系，具体见式（4-7）和式（4-8）。

上升段：

$$\sigma_c = f_c \left[1 - \left(1 - \frac{\varepsilon_c}{\varepsilon_0} \right)^n \right], \quad \varepsilon_c \leqslant \varepsilon_0 \tag{4-7}$$

下降段：

$$\sigma_c = f_c, \quad \varepsilon_0 < \varepsilon_c < \varepsilon_{cu} \tag{4-8}$$

式中：

$$n = 2 - \frac{1}{60} \left(f_{cu,k} - 50 \right)$$

$$\varepsilon_0 = 0.002 + 0.5 \left(f_{cu,k} - 50 \right) \times 10^{-5}$$

$$\varepsilon_{cu} = 0.0033 - \left(f_{cu,k} - 50 \right) \times 10^{-5}$$

$\quad\sigma_c$——混凝土压应变为 ε_c 时的混凝土压应力；

$\quad f_c$——混凝土轴心抗压强度设计值；

$\quad\varepsilon_c$——混凝土压应变；

$\quad\varepsilon_0$——混凝土压应力达到 f_c 时的混凝土压应变；

$\quad\varepsilon_{cu}$——正截面的混凝土极限压应变；

$\quad f_{cu,k}$——混凝土立方体抗压强度标准值。

2. 钢筋的本构关系

钢筋本构关系是在单向加载下的应力-应变关系，可采用双线性随动强化模型（bilinear kinematic hardening plasticity，BKIN）和双线性等向强化模型（bilinear isotropic hardening plasticity，BISO）等。体外预应力钢丝绳加固梁有箍筋和钢丝绳，即硬钢、软钢两种钢筋。加固梁的钢筋本构关系具体描述如下。

图 4-7（a）中曲线由软钢材料试验简化所得，曲线分为弹性阶段、屈服阶段和强化阶段 3 个部分。曲线弹性段直线斜率为 E，即钢筋弹性模量为 E；曲线屈服段是应力保持为屈服强度的水平线；曲线强化段以斜率为 $\tan\alpha$ 的直线表示。

图 4-7（b）中曲线由硬钢材料试验简化所得，曲线分为弹性阶段、软化阶段、后续阶段 3 个部分。曲线 ab 段为软化段，根据试验资料得到的该段曲线应力-应变关系为

$$\sigma = \frac{\sigma_b \varepsilon_b - \sigma_a \varepsilon_a}{\varepsilon - \varepsilon_a} + \frac{\varepsilon_a \varepsilon_b (\sigma_a - \sigma_b)}{\varepsilon(\varepsilon_b - \varepsilon_a)} \tag{4-9}$$

式中：σ_a ——a 点应力；

σ_b ——b 点应力；

ε_a ——a 点应变；

ε_b ——b 点应变。

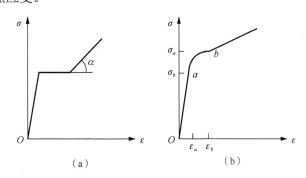

图 4-7　钢丝绳和箍筋的应力-应变关系

4.3.4　非线性问题的求解方法

在结构分析中，主要遇到 3 种非线性问题：几何非线性问题、材料非线性问题、边界（状态）非线性问题。

静力平衡方程表示为

$$[\boldsymbol{K}(\boldsymbol{\delta})]\boldsymbol{\delta} = \boldsymbol{P} \tag{4-10}$$

式中：$\boldsymbol{K}$ ——结构体系总刚度矩阵；

$\boldsymbol{\delta}$ ——节点位移列阵；

$\boldsymbol{P}$ ——节点荷载列阵。

由于该平衡方程属于线性关系，所以其应力-应变关系自然为线性变化，同时由于变形量小，所以其几何方程也呈线性关系变化，并且边界条件也为线性关系。如果材料具备以上特质，即线性问题；否则属于非线性问题。实际上无论是几何非线性还是材料非线性、边界非线性，其分析过程都远远比线性问题复杂。例如，几何非线性分析过程中，如果位移较大而应变较小，其仍然呈现线性关系，可是如果计算位移应变关系，位移的高阶导数就会产生很大的影响，进而呈现非线性关系。几何非线性问题在求解的过程中，是一种动态平衡方程的求解过程，即结构受力变形后建立的平衡方程，所以方程呈动态变化，进而本构方程也随之变化，体现出非线性问题的特征。

1. 求解方法

（1）增量法

增量法应用范围广泛，通用性强，可得出荷载和位移关系曲线，但耗时多，计算结果的近似程度不明确。增量法是用一系列线性问题去近似模拟非线性问题，实质上是用分段线性的折线去代替非线性曲线。将荷载划分为许多增量分次施加，每次施加一个荷载增量，假定方程是线性的，同一荷载增量里刚度矩阵$[\boldsymbol{K}]$是常数，不同荷载增量中，刚度矩阵可以有不同数值，每步施加一个荷载增量$\Delta\boldsymbol{P}$，得到一个位移增量$\Delta\boldsymbol{\delta}$，累积后得到位移$\boldsymbol{\delta}$。增量法计算过程简图如图4-8所示。

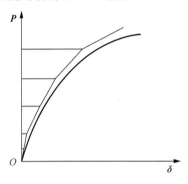

图 4-8　增量法计算过程简图

（2）迭代法

迭代法的基本思路：结构在总荷载作用下取某一线性解为问题的第一近似解，然后通过迭代对这一近似解进行连续矫正，直到在总荷载$\boldsymbol{P}$作用下式（4-10）得到满足为止。切线刚度迭代法如图4-9所示。

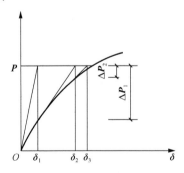

图 4-9　切线刚度迭代法

迭代法的计算量小，容易控制进度，但不能提供荷载-位移曲线，适用范围相对增量法较小。

（3）混合法

混合法是指将增量法和迭代法相结合，把荷载划分为几个增量，对每一荷载增量进行迭代计算。混合法适用范围广，能提供荷载-位移曲线，能给出计算近似程度，但计算量较大。图4-10为混合法的计算示意图。

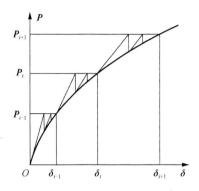

图 4-10　混合法的计算示意图

2. 求解步骤

解决非线性问题的重要特点就是迭代计算，除此之外与线性问题的解法基本相同。非线性问题求解步骤具体可分为以下 3 步。

1）首先分析非线性问题的特征，如果是材料非线性问题，则运用该种材料的本构关系描述材料的非线性特点；如果是几何非线性问题，则在计算过程中对高阶微分的影响加以处理；如果结构具备以上两种非线性特征，则把材料非线性和几何非线性关系进行联结后再计算。

2）形成刚度矩阵。这个阶段的非线性分析与线性分析基本相同，即集成整体刚度矩阵，按照力学条件建立平衡方程。

3）求解方程。根据力与位移之间的关系建立方程：

$$P = K\delta \tag{4-11}$$

几何非线性和材料非线性分析最终都可以归结为一组非线性方程：

$$\psi(\delta) = [K(\delta)]\delta - R = 0 \tag{4-12}$$

式中：$\psi(\delta)$ ——δ 的非线性函数；

　　　$[K(\delta)]$ ——节点位移矩阵；

　　　R ——等效节点荷载。

采用迭代法求解非线性问题，具体内容如下。

迭代法有牛顿-拉弗森（Newton-Raphson，NR）法、欧几里得算法等，其中 NR 法最为常用，是求解非线性方程的线性化方法。以几何非线性问题为例，结构平衡方程为

$$K^{\mathrm{T}} \Delta u = F^{\mathrm{a}} - F^{\mathrm{nr}} \tag{4-13}$$

式中：K^{T} ——切向刚度；

　　　Δu ——位移增量；

　　　F^{a} ——节点荷载；

　　　F^{nr} ——节点力。

在节点受到附近单元施加的力时，构件处于平衡状态，每个节点也平衡，如图 4-11 所示，即节点力应等于节点荷载，即

$$F^{\mathrm{a}} = F^{\mathrm{nr}} \tag{4-14}$$

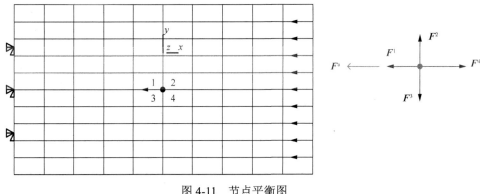

图 4-11 节点平衡图

迭代全过程如图 4-12 所示。

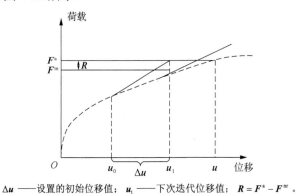

Δu ——设置的初始位移值；u_1——下次迭代位移值；$R = F^a - F^{nr}$。

图 4-12 迭代全过程

在结构变形过程中，自重和荷载都保持恒定的方向，但面荷载方向会随着单元方向的改变而变化，即随动荷载，如图 4-13 所示。在 RC 梁的受力分析中，也要选择这种随动荷载的加载方式。

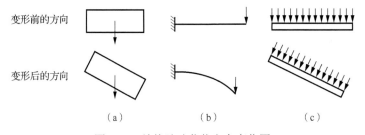

图 4-13 结构随动荷载方向变化图

4.3.5 混凝土硬（强）化法则

塑性硬化法则规定了材料进入塑性变形后的后继屈服函数（又称加载函数或加载曲面），描述了初始屈服准则和塑性应变之间的关系。

各向同性硬化（等向强化）：材料的强化只与总的塑性变形有关，而与加载路径无关。

运动硬化：该模型假设材料随塑性变形发展时，屈服面的大小和形状不变，仅是整体在应力空间做平动。

各向同性硬化与运动硬化图如图 4-14 所示。

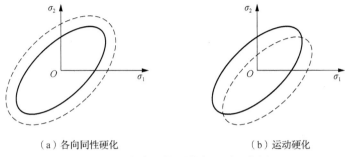

（a）各向同性硬化　　　　　　　　（b）运动硬化

图 4-14　各向同性硬化与运动硬化图

混合硬化：实质就是将随动强化模型和同性硬化模型结合起来，即认为后继屈服面的形状、大小和位置一起随塑性变形的发展而变化。该模型能够更好地反映材料的包辛格效应（Bauschinger effect）。

4.3.6　Solid65 单元的开裂行为

张开裂缝的剪力传递系数 β_t 取值为 $0 \sim 1.0$，一般取 $0.3 \sim 0.5$。由于引入了剪力传递系数，积分点出现的裂缝就可以通过调整应力-应变关系描述，即通过剪力传递系数 β_t 对裂缝面滑动时的抗剪强度进行折减。

其中，仅在一个方向开裂的材料应力-应变关系为

$$\boldsymbol{D}_c^{ck} = \frac{E}{1+\mu} \begin{pmatrix} \dfrac{R^t(1+\mu)}{E} & 0 & 0 & 0 & 0 & 0 \\ 0 & \dfrac{1}{1-\mu} & \dfrac{1}{1-\mu} & & & \\ 0 & \dfrac{\mu}{1-\mu} & \dfrac{1}{1-\mu} & 0 & 0 & 0 \\ 0 & 0 & 0 & \dfrac{\beta_t}{2} & 0 & 0 \\ 0 & 0 & 0 & 0 & \dfrac{1}{2} & 0 \\ 0 & 0 & 0 & 0 & 0 & \dfrac{\beta_t}{2} \end{pmatrix} \tag{4-15}$$

式中：ck——应力-应变关系是在平行于主应力方向 x^{ck} 轴坐标系内的，其垂直于裂缝面；

R^t——开裂强度与应力释放关系曲线的割线模量；

$\boldsymbol{D}_c^{ck}$——混凝土开裂的弹性模量矩阵；

E——混凝土弹性模量；

μ——混凝土的泊松比。

4.3.7　混凝土的破坏准则

混凝土的破坏准则是对混凝土的各种大量力学试验结果进行分析总结得到的，其非线性有限元的破坏准则从各个使用时期主要分为以下 3 种。

1）一参数、二参数模型包括朗金（Rankine）准则、特雷斯卡（Tresca）准则和冯·米塞斯（Von Mises）准则、莫尔-库仑（Mohr-Coulomb）准则、德鲁克-普拉格（Drucker-Prager）准则，这些准则只适用于特定应力条件下的混凝土材料，存在多角锥体无法精确反映混凝土破坏曲面的特征的缺陷。

2）三参数、四参数破坏准则是较一参数、二参数更为精准的强度准则，它们大多是基于强度试验的统计而进行的曲线拟合。三参数强度准则模型主要有布雷斯勒-皮斯特（Bresler-Pister）准则、威廉-沃恩克（William-Warnke）准则，四参数强度准则模型主要有奥托森（Ottosen）准则、赖曼（Reimann）准则等。

3）五参数强度准则模型主要有威廉-沃恩克五参数准则、科佐沃斯（Kotsovos）准则、波德戈尔斯基（Podgorski）准则等。

五参数强度准则对于多轴应变下的混凝土强度性能有比较好的反应，实际应用较广。本节有限元分析中混凝土的破坏准则模型采用威廉-沃恩克五参数强度模型，它由混凝土的单轴抗压强度、单轴抗拉强度、二轴等压强度、在拉子午线上的三轴强度及在压子午线上的三轴强度这 5 个参数确定混凝土的三维强度包络面，示意图如图 4-10 所示。当混凝土单元任何方向的主拉应力超过强度包络面时，混凝土开裂，且该单元在该主拉应力方向上的弹性模量为零。混凝土 Solid65 单元默认混凝土破坏准则为威廉-沃恩克五参数准则。

Solid65 单元通过主应力状态将破坏分为 4 个区域，在不同的区域采用不同的破坏准则：在压-压-压区域，采用威廉-沃恩克五参数破坏准则，若满足破坏准则，则混凝土处于压碎状态；在拉-压-压区域，采用威廉-沃恩克五参数破坏准则，如满足破坏准则，则混凝土在垂直于主应力的平面发生开裂；在拉-拉-压区域，不再采用威廉-沃恩克五参数破坏准则，在垂直拉应力的方向上产生开裂；在拉-拉-拉区域，应力超过混凝土的极限抗拉强度则发生开裂。主应力空间接近双轴应力时的破坏面如图 4-15 所示。

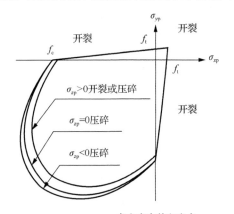

σ_{xp}、σ_{yp}、σ_{zp}——各主方向的主应力。

图 4-15　主应力空间接近双轴应力时的破坏面

破坏准则的参数输入通过 TB,CONCR 命令和 TBDATA 命令输入，方法如下。

```
TB,CONCR,1,1,9
TBDATA,,C1,C2,C3,C4,C5,C6
TBDATA,,C7,C8,C9
```

各参数意义如下：

C1——张开裂缝的剪力传递系数 β_t；

C2——闭合裂缝的剪力传递系数 β_c；

C3——单轴抗拉强度 f_t；

C4——单轴抗压强度 f_c；

C5——双轴抗压强度 f_{cb}；

C6——围压大小 σ_b^a；

C7——围压下的双轴抗压强度 f_1；

C8——围压下的单轴抗压强度 f_2；

C9——拉应力释放系数 T_c。

4.4　本　章　小　结

本章阐述了非线性有限元计算原理及在工程中的应用，系统介绍了钢筋和混凝土的本构关系、混凝土的屈服准则和破坏准则，以及非线性方程组的求解方法。

第5章 体外预应力钢丝绳抗剪加固RC梁
仿真模型的建立方法

由于体外预应力钢丝绳抗剪加固 RC 梁的结构由钢筋、混凝土和钢丝绳 3 种材料组成，因此如何将材料性质存在差异的不同材料形成一个受力构件是建立非线性有限元模型的关键。普通钢筋混凝土结构模型建立的理论基础和方法基本属于常规处理方法，体外预应力钢丝绳抗剪加固 RC 梁仿真模型与普通 RC 梁模型的不同之处是，如何将体外钢丝绳与 RC 梁耦合并将整体机构进行离散化，所涉及的具体问题有以下几个方面。一是加固梁构成材料的不均匀性，钢筋和体外钢丝绳都是独立与混凝土结合，造成加固梁的结构质量无法整体模拟计算；二是钢筋和混凝土之间的滑移作用，钢筋在加固梁中所占的体积相对较小，且在受力时能够产生相对位移，随着受力的不断增大，二者之间的黏结力会逐步降低直至彻底消失；三是如何将体外钢丝绳与钢筋混凝土结构有效联结，对钢丝绳合理地施加预应力，并且保证在对加固梁施加荷载时，体外预应力钢丝绳能够准确发挥力学作用；四是如何模拟裂缝和注胶，使损伤程度能够与实际试验相吻合，保证计算结果的准确度。结合试验梁实际，本章采用分离式方法建立试验梁模型[13-14]。

5.1 基 本 假 设

基本假设是对模型单元、本构关系、网格划分、加载方式、计算方法、计算精度等方面的设定，所选条件应尽量接近试验梁的实际情况，以确保仿真模型能够真实模拟试验梁及试验过程，进而提高数值模拟的计算精度。

采用分离式 RC 梁模型，即单独建立混凝土结构和钢筋结构，通过对混凝土模型进行三维切割获得钢筋模型，假定钢筋和混凝土之间没有滑移，因为试验梁尺寸较小，所以采取全梁建模分析。

试验梁基本假设如下。

1）混凝土的模拟采用 Solid65 单元，Solid65 单元可以对混凝土的蠕变、大变形或大挠度、大应变、弹性和塑性等行为进行模拟，可以实现生死单元的变换，能够描述混凝土的开裂、压碎和应力释放，是钢筋混凝土结构最常用的单元类型。

2）钢丝绳和钢筋采用 link8 单元，也可以采用 link180 单元，这两种单元都具备拉、压特性和生死单元，但 link180 单元比 link8 单元增加了膨胀和大应变特性，能够更好地描述钢筋在受力过程中的力学响应。

3）加载垫块采用 Solid45 单元，在试验梁加载位置设计加载垫块可以防止因加载面积过小而引起的应力集中，导致梁体加载点位置的混凝土过早破坏，影响试验效果。同样，在仿真模拟过程中如果出现局部应力集中也会造成混凝土过早破坏，因为如果梁体加载点混凝土破坏了，那么就认为梁体模型已经破坏而中止计算，这时绝大部分混凝土及钢筋均未达到屈服状态，无法计算真实结果。因此需要在加载点位置设置加载垫块。加载垫块用 Solid45 单元模拟，Solid45 单元具备 Solid65 单元的全部特性。同时兼备膨胀特性。因为 Solid45 单元与模拟混凝土的 Solid65 单元力学响应相近，所以对其弹性模量适当调高即可用来模拟加载垫块。

4）混凝土和钢筋、钢丝绳的材料技术指标参数采用材料试验值。

5）不考虑钢筋初始几何缺陷和残余应力，屈服强度和抗拉强度均取材料试验值。

6）混凝土破坏准则采用 Solid65 单元默认的威廉-沃恩克五参数准则。

7）混凝土采用 Hongnestad 本构关系。

8）加固梁计算采用 3 个荷载步进行，即加载—卸载—再加载，为加速收敛，打开自动荷载步计算。

9）采用 NR 法进行计算（使用生死单元法所必需的计算方法），收敛精度取 0.035。

5.2　模型相关参数

1. 混凝土

（1）本构关系

混凝土采用单轴受压应力-应变曲线方程为具有上升段和下降段的弹性 Hongnestad 本构模型，具体如图 4-6 所示（在本书第 4 章 4.3 节已经阐述过）。屈服准则采用适用于比例加载和大应变问题的冯·米塞斯准则。理论模拟计算梁的混凝土材料参数见表 5-1。

表 5-1　理论模拟计算梁的混凝土材料参数

混凝土强度等级	混凝土轴心抗压强度标准值 f_{ck} /MPa	混凝土轴心抗拉强度标准值 f_{tk} /MPa	混凝土轴心抗压强度设计值 f_{cd} /MPa	混凝土轴心抗拉强度设计值 f_{td} /MPa	弹性模量 E_c /MPa
C25	29.8	2.81	21.3	2.00	2.53×10^4
C30	34.9	3.06	24.9	2.18	3.20×10^4
C35	36.1	3.12	25.8	2.23	3.42×10^4
C40	38.1	3.21	27.2	2.29	3.61×10^4

（2）破坏准则

混凝土模型采用 ANSYS 有限元分析软件中默认的威廉-沃恩克五参数准则，本节选取的 Solid65 单元具有模拟开裂和压碎的功能，其中破坏准则采用威廉-沃恩克五参数准则与最大拉应力准则的组合方程为

$$\frac{F}{f_c} - S \geqslant 0 \qquad (5\text{-}1)$$

式中：F——主应力函数；

　　　f_c——混凝土抗压强度；

　　　S——开裂或者压碎的失效面积。

式（5-1）用于确定模拟开裂和压碎两种破坏方式。该公式通过条件关系判断破坏是属于开裂还是压碎，即在模型受力时，如果主应力的 5 个参数和失效面积不满足式（5-1），则混凝土保持完好仍可以继续受力；如果主应力的 5 个的参数和失效面积满足式（5-1），若有一个主应力是拉应力，则混凝土表现为开裂破坏，若主应力都是压应力，则混凝土表现为压碎破坏。

2. 钢筋本构关系

本节采用的体内钢筋和钢丝绳的本构关系见第 4 章 4.3 节中的硬钢和软钢的本构关系。线性强化弹-塑性关系所需参数见表 5-2。

表 5-2　线性强化弹-塑性关系所需参数

特性指标	纵向钢筋	箍筋	钢丝绳
线性弹性模量/MPa	2.0×10^5	2.1×10^5	1.2×10^5
弹性极限强度/MPa	400	310	1644

5.3　建立梁体模型

RC 梁体模型有整体式和分离式两种建模方法。

1. 整体式模型

整体式模型即分布式或弥散钢筋式模型，即把钢筋连续、均匀地分布在整个单元中，综合了混凝土与钢筋对刚度的贡献，梁体中仅设置 Solid65 单元即可，确定配筋率后确定钢筋相关参数就可以实现钢筋在单元中的弥散。整体式模型认为混凝土和钢筋之间是黏结很好的刚性连接，单元类型和结构简单，模型建立简便，易于收敛，但其计算结果较为粗略，不能描述钢筋的受力过程及钢筋与混凝土之间的相互作用，无法观测钢筋和混凝土的受力行为和状态，如钢筋流动、混凝土的开裂压碎及两种材料交界面的作用等。

2. 分离式模型

分离式模型即把钢筋和混凝土分别建立，钢筋和混凝土尺寸设置更加真实，能够对两者之间的接触、摩擦、受力等行为进行描述，工况更加真实，并且能够获得钢筋、混凝土的应力、应变、变形、位移等计算结果。缺点是模型建立复杂，接触单元的黏结和滑移行为使得模型计算不易收敛。分离式模型有以下两种建模方法。

1）钢筋和混凝土分别建模，采用节点共享的方式，先建立混凝土实体，再联结节点建立钢筋和体外钢丝绳。具体做法是：首先建立钢筋端点的节点，采用节点联结的方式建立钢筋骨架；其次基于钢筋结构的节点建立混凝土结构；然后对关键点进行联结形成钢筋混凝土模型；接着对钢筋和混凝土划分网格，在两者的节点和关键点的重合点上生成共同节点，形成钢筋混凝土模型；最后对钢筋和混凝土赋予材料属性。这种方法需要在钢筋和混凝土之间设置接触单元，以模拟两者之间的作用关系。

2）采取切分混凝土的方法，即先创建混凝土模型，然后对混凝土中钢筋所处的位置进行 x、y、z 三向切割，切出钢筋线，由于这条钢筋线属于混凝土中的一条线，所以不涉及钢筋和混凝土联结问题，切出所有钢筋之后分别对钢筋、混凝土进行网格划分，并赋予材料属性。本试验仿真模型采取此种方法建立。在此要说明一点，建立模型时，两个不相关的构件之间一定要有节点关联才能建立计算关系，否则将无法进行计算；如果多个构件是由最初一个构件切割而来的，那么它们本身就存在关联，不用再重新建立关联，直接计算即可。原梁混凝土几何模型和钢筋骨架几何模型分别如图 5-1 和图 5-2 所示。

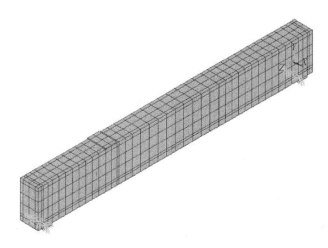

图 5-1　原梁混凝土几何模型

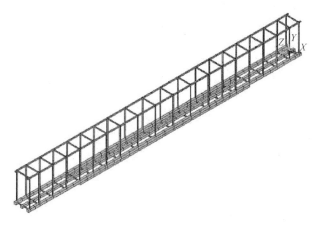

图 5-2　原梁钢筋骨架几何模型

5.4 建立体外预应力钢丝绳模型

5.4.1 建立几何模型

体外钢丝绳属于 RC 梁以外的后配置钢筋,所以将 RC 梁与体外钢丝绳共同建立力学关系,使梁体和体外钢丝绳达到实际受力关系是加固梁有限元模型的关键,也是加固梁模型建立的难点。

处理体外钢丝绳有以下 3 种方法。

1)体分割法,即首先建立混凝土模型,并同步建立体外钢丝绳的几何模型,利用工作面来切割 RC 梁体,对切割出来的力筋线赋予钢丝绳材料性质。该方法的核心思想就是在 RC 梁模型中直接切出体外钢丝绳,但这种方法不适用于本节模型的建立。

2)耦合法,即将混凝土模型和体外钢丝绳模型分别建立,然后对两者进行耦合。这种方法比较适用于 RC 梁与体外钢丝绳接触面较多、耦合点较多的情况。这种方法也不适用于本节模型的建立。

3)生死单元法,也是本节模型建立采用的方法。试验时,在将原梁进行加载—卸载的过程中实现损伤预裂,然后对裂缝注胶,注胶 72h 后绑扎体外钢丝绳并施加预应力,实现体外预应力钢丝绳加固。在有限元模型的建立过程中,为了实现体外预应力钢丝绳的建立,采取的方法是:首先在预裂损伤之前建立钢丝绳;其次利用 link8 单元的生死单元特性杀死钢丝绳;然后对原梁进行加载损伤;接着激活钢丝绳单元,钢丝绳单元因为梁体的变形也随之变形,所以其受力状态也有所改变,这时利用等效应力法对其施加相应的预应力,即可使所有体外预应力钢丝绳的预应力达到一致。

在建立本试验仿真模型的过程中,体外预应力钢丝绳的模拟过程是:建立原梁—建立体外钢丝绳—杀死钢丝绳—加载(极限荷载的 70%)—卸载—激活钢丝绳—对钢丝绳施加预应力(等效应力法)。仿真模型梁体钢筋骨架和体外预应力钢丝绳几何模型如图 5-3 所示。

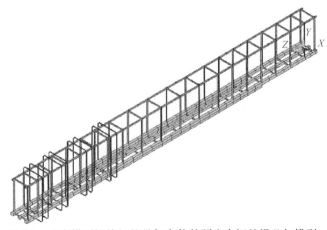

图 5-3　仿真模型梁体钢筋骨架和体外预应力钢丝绳几何模型

为了使混凝土与钢丝绳之间建立计算关系，必须把两者联结在一起，采用约束方程法予以实现。约束方程法的核心思想是将体外钢丝绳与混凝土单元用约束方程建立联结。约束方程符合两种材料的力学关系变化，建立过程也相对简单，首先是建立 RC 梁和体外钢丝绳模型，然后建立节点约束方程，在 ANSYS 软件中可利用 CEINTF 命令来实现这一行为。体外预应力钢丝绳与混凝土耦合模型如图 5-4 所示。

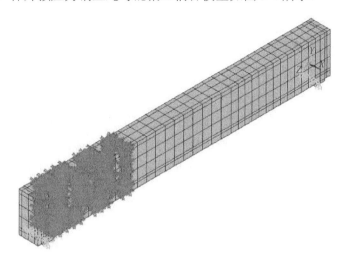

图 5-4　体外预应力钢丝绳与混凝土耦合模型

5.4.2　施加预应力

施加预应力有 3 种方法。第 1 种方法是初始应变法，即在建立体外钢丝绳、赋予体外钢丝绳属性时加入初始预应力，实现体外钢丝绳预应力的施加，这种方法无法模拟预应力损失。第 2 种方法是降温法，即在预应力构件材料上赋予温度条件，实现由于温度降低发生材料收缩而产生预应力行为，而预应力大小和温度之间的关系可通过公式进行换算。第 3 种方法是等效荷载法，这种方法是将预应力转换为荷载作用在受力构件上，这种方法使用简单、方便，适用广泛，且在模型计算过程中容易收敛。仿真模型采用第 3 种方法对体外钢丝绳施加预应力。

5.5　混凝土裂缝及注胶模拟

5.5.1　混凝土裂缝模拟

在试验梁承受荷载的过程中，混凝土会在受剪区产生裂缝（因为试验梁配筋以强弯弱剪为原则，所以受剪区先行破坏），随着荷载的不断增加，混凝土裂缝宽度逐渐增加，纵向主筋和箍筋逐渐进入屈服状态，直至梁体破坏。

本试验模拟的工况是,在既有损伤梁上进行加固,所以裂缝宽度、位置已知,在实验室进行实梁试验时就已经获得。在梁体模型仿真计算中,经过加载—卸载过程后,可以通过后处理获得损伤单元的区域,其与实验室试验梁的裂缝开裂区域接近。在实验室试验梁裂缝产生的位置上,找到仿真模型所对应的横、纵和梁体深部位置的单元编号,利用 Solid65 单元的生死单元特性杀死该混凝土单元,使其对梁体的整体刚度矩阵贡献为 0,实现裂缝的模拟。

5.5.2　混凝土注胶加固模拟

在静载试验中,对梁体实施了加载—卸载,而后所进行的第一个加固程序是注胶加固。采用加固胶对裂缝进行初步修补加固,待 72h 胶体产生力学性能后,进行体外预应力钢丝绳加固。在有限元仿真模型建立的过程中,采用等效模量法,即在模拟损伤时对裂缝处的单元进行了杀死处理,注胶加固模拟时要对其激活,并赋予加固胶的弹性模量,来模拟注胶加固。由于模拟胶体的混凝土单元与梁体之间原本就具有共同节点,所以不必考虑接触和耦合问题。

5.6　参数调整方法

仿真模型考虑的设计参数为剪跨比、纵筋配筋率、配箍率、混凝土强度、体外钢丝绳间距、体外钢丝绳预应力、损伤程度和带载水平 8 个方面,在仿真模型中参数调整方法如下。

1. 剪跨比

剪跨比调整方式为调整加载点的位置,模型以力的方式进行加载,在建立混凝土模型时改变加载垫块位置,将外力直接作用在加载垫块上,实现不同的剪跨比加载。

2. 纵筋配筋率

纵向钢筋配筋率的调整采取改变主筋直径的方法,对相应配筋率进行钢筋直径换算,直接调整钢筋参数,无须增减钢筋设置。

3. 配箍率

通过对目标配箍率的换算增减箍筋环数,同时调整箍筋间距,进而实现不同配箍率的参数设计。

4. 混凝土强度

通过改变混凝土的弹性模量、抗拉强度、抗压强度等参数实现混凝土强度等级的调整。

5. 体外钢丝绳间距

通过调整布筋间距来实现。

6. 体外钢丝绳预应力

采取等效荷载法施加体外钢丝绳预应力，这需要在损伤加载—卸载两个荷载步完成后，通过第 3 荷载步来实现。

7. 损伤程度和带载水平

通过加载—卸载进行原梁损伤预裂，然后加载持荷模拟带载。

5.7　划分网格及收敛控制

1. 划分网格

模型建立后可对模型进行网格划分，采用 20mm 和 60mm 两种尺寸网格划分，经计算后证明，20mm 尺寸网格模型的计算精度高于 60mm 尺寸网格模型的计算精度，说明对于体积适中的钢筋混凝土结构，20mm 尺寸网格模型的计算精度较高。

2. 收敛控制

在有限元计算中，随着方程迭代计算的持续，计算残差小于收敛准则即为计算收敛，计算成功完成。收敛准则有力、位移、弯矩、转角的收敛，通常可选择力的收敛为收敛准则。为提高计算精度，仿真模型选择了力和位移为基础的收敛准则。一般来说，收敛精度控制在 5%左右就能够获得较为精确的计算结果，在建立模型期间可以适当放大精度，以保证模型能够正常运行，对模型经过适当调整后再提高精度。本模型的收敛精度确定为 0.035，最大迭代次数为 200 次。

5.8　模型计算结果分析

在有限元模型计算收敛后，要对计算结果进行观测分析，ANSYS 软件可以通过通用后处理和时间历程后处理进行数据和图表处理。其中，通用后处理可以调出计算过程中所有荷载步中计算模型上各种材料的力学关系图、应力和应变及各个节点的力学变化数据。时间历程后处理是加入了时间元素对模型计算结果进行查看分析，可以从后台计算结果中查到任意时间节点上任意材料的力学变化与时间的关系，更加便于数据处理。

计算模型的加载受力描述如图 5-5 所示，在加载计算后，梁体 y 轴方向挠度如图 5-6 所示，梁体混凝土压碎情况如图 5-7 所示。从图 5-5～图 5-7 中可以看出，模型能够较好地反映受力、变形及混凝土的损伤开裂。

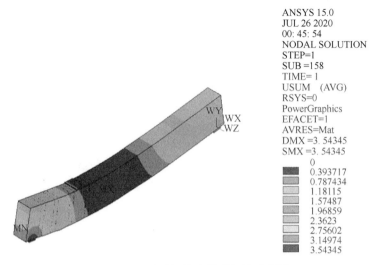

图 5-5　RC 试验梁仿真模型加载受力图

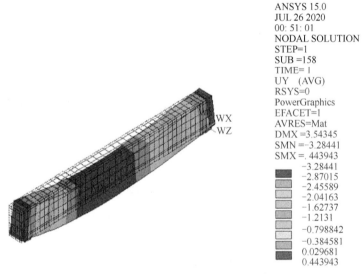

图 5-6　RC 试验梁仿真模型加载挠度图

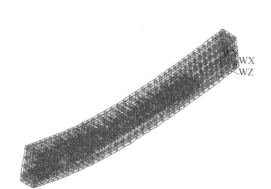

ANSYS 15.0
JUL 26 2020
00: 48: 51
CRACKS AND CRUSHING
STEP=1
SUB =158
TIME= 1

图 5-7　RC 试验梁仿真模型混凝土压碎图

5.9　模型有效性的验证

采用 13 根加固梁的试验结果对有限元模型进行验证，结果表明，有限元模型计算的屈服荷载、极限荷载、钢筋应力-应变与试验数据吻合良好，所有试件的模拟极限荷载误差在 10%以内，对比见表 5-3。图 5-8 和图 5-9 分别为 3 片加固梁的箍筋与体外预应力钢丝绳荷载-应变关系的试验值和有限元计算值对比图，图 5-10 和图 5-11 分别为加固梁 B10、B11 荷载-挠度关系的试验值和有限元计算值对比图。

表 5-3　加固梁屈服荷载和极限荷载的试验值与有限元计算值对比表

编号	屈服荷载试验值/kN	屈服荷载有限元计算值/kN	差值比率%	极限荷载试验值/kN	极限荷载有限元计算值/kN	差值比率%
B2	320	300	6.25	420	395	5.95
B3	400	380	5.00	450	410	8.89
B4	420	405	3.57	490	460	6.12
B5	480	465	3.13	550	560	−1.80
B6	380	360	5.26	450	440	2.22
B7	420	400	4.76	520	525	−0.96
B8	380	360	5.26	460	430	6.52
B10	360	350	2.28	450	450	0
B11	340	330	2.94	400	370	7.50
B12	380	350	7.89	440	435	1.13
B16	390	380	2.56	460	440	4.34
B17	360	345	4.17	440	425	3.41
B18	330	310	6.06	400	400	0

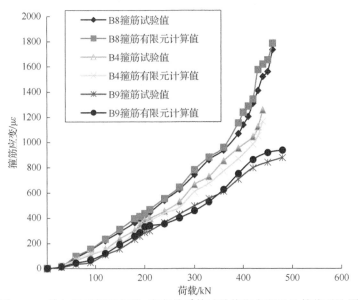

图 5-8 3 片加固梁箍筋荷载-应变关系的试验值和有限元计算值对比图

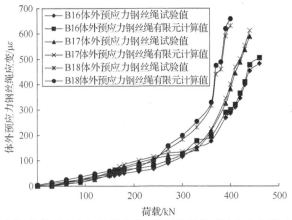

图 5-9 3 片加固梁体外预应力钢丝绳荷载-应变关系的试验值和有限元计算值对比图

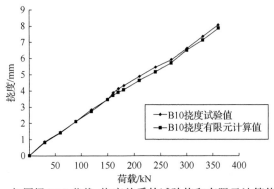

图 5-10 加固梁 B10 荷载-挠度关系的试验值和有限元计算值对比图

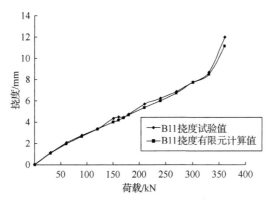

图 5-11　加固梁 B11 荷载-挠度关系的试验值和有限元计算值对比图

从图 5-8 和图 5-9 可以看出，不同设计参数的加固梁的试验和有限元计算的荷载-应变关系基本吻合。从图 5-10 和图 5-11 中可以看出，加固梁荷载-挠度关系的试验数据与有限元计算数据基本吻合。由此证明，有限元计算模型能够较好地描述试验条件和过程，计算结果较为准确可靠。

5.10　本　章　小　结

本章系统讲述了体外预应力钢丝绳加固 RC 梁的结构及加固过程的有限元仿真模拟，对体外预应力钢丝绳的建立和预应力的施加、梁体预裂损伤、混凝土注胶加固的模拟等重点环节进行了详细描述，并利用试验梁的试验结果与仿真模型数值分析结果进行了对比，验证了有限元模型的有效性。

第6章 设计参数对加固梁承载力的影响分析

6.1 模型的影响因素设计

在结构受力分析的研究中,试验操作往往受到时间、经费及试验条件等因素的限制,无法获得足够的试验样本数据,为了系统分析试验结果,获得各设计参数变化对加固梁抗剪承载力的影响规律,必须有足够的试验样本。利用仿真分析软件对试验梁进行有限元仿真模拟,通过数值分析来获得等参数条件下的试验结果;同时仿真分析也可以验证试验设计及操作过程的正确性。在钢筋混凝土结构分析中,比较通用的仿真分析软件是ANSYS 和 ABAQUS,本试验采用 ANSYS 软件进行试验梁的仿真模拟数值分析。

建立仿真模型的目的是扩大试验样本,即加密设计参数,仿真设计考虑的主要影响参数为剪跨比、配箍率、纵筋配筋率、混凝土强度、体外钢丝绳间距等,基于这些影响参数设计了 8 组共 39 个有限元计算模型,每组模型都单独改变某一影响参数,其他设计参数不变,模型具体设计参数见表 6-1。

表 6-1　模型具体设计参数

研究目的	梁的设计参数								模型数量
	剪跨比	配箍率/%	纵筋配筋率/%	混凝土强度等级	体外钢丝绳间距/mm	体外钢丝绳预应力/MPa	损伤程度/%	带载水平/%	
剪跨比对承载力的影响	1.7、2.3	0.35	2.0	C30	250	822	70	—	2 Model 11 和 Model 12
配箍率对承载力的影响	2.0	0.25、0.30、0.40、0.45、0.55	2.0	C30	250	822	70	—	5 Model 3~ Model 7
纵筋配筋率对承载力的影响	2.0	0.35	1.7、2.3、3.0	C30	250	822	70	—	3 Model 8~ Model 10
混凝土强度对承载力的影响	2.0	0.35	2.0	C35、C50	250	822	70	—	2 Model 1 和 Model 2
体外钢丝绳间距对承载力的影响	2.0	0.35	2.0	C30	100	822	70	—	1 Model 13
体外钢丝绳预应力对承载力的影响	2.0	0.35	2.0	C30	250	650、700、750、800、850、900、950	70	—	7
损伤程度对承载力的影响	2.0	0.35	2.0	C30	250	822	10~90	—	9
带载水平对承载力的影响	2.0	0.35	2.0	C30	250	822	70	0~90	10

6.2　有限元计算结果分析

各设计参数对加固梁抗剪加固效果的影响有限元分析具体如下。

6.2.1　混凝土强度对加固梁抗剪承载力的影响

1. 加固梁开裂

图 6-1～图 6-6 为混凝土强度等级为 C35 和 C50 在 150kN 荷载作用下的仿真模型计算结果。从图 6-1 和图 6-2 可以看出，混凝土强度等级为 C35 的加固梁挠度为 4.75803，混凝土强度等级为 C50 的加固梁挠度为 4.37298mm，可见混凝土强度高的加固梁在同等荷载作用下的挠度低于混凝土强度低的加固梁；图 6-3～图 6-6 所示为相同荷载作用下混凝土的开裂情况，可以看出混凝土强度等级为 C35 的加固梁开裂单元数量明显多于混凝土强度等级为 C50 的加固梁开裂单元数量。由此可见，混凝土强度对加固梁的加固效果有着一定的影响。

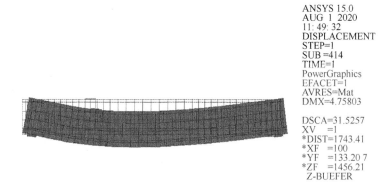

图 6-1　混凝土强度等级为 C35 的加固梁挠度图

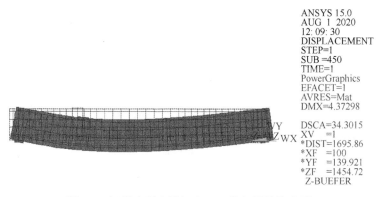

图 6-2　混凝土强度等级为 C50 的加固梁挠度图

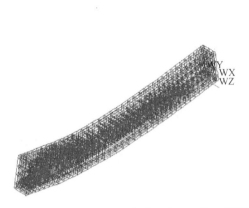

图 6-3　混凝土强度等级为 C35 的加固梁混凝土压碎三维图

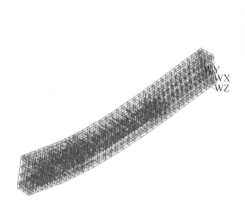

图 6-4　混凝土强度等级为 C50 的加固梁混凝土压碎三维图

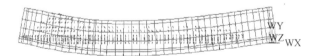

图 6-5　混凝土强度等级为 C35 的加固梁混凝土压碎曲面图

图 6-6　混凝土强度等级为 C50 的加固梁混凝土压碎曲面图

2. 加固梁承载力

图 6-7 为混凝土强度对加固 RC 梁抗剪承载力的影响图。图 6-8 为加固试验梁和仿真模型体内箍筋荷载-应变关系图。图 6-7 表明，加固 RC 梁抗剪承载力随混凝土强度的增加呈线性增长关系，原因是，在加固梁体内箍筋屈服之前，梁主要由混凝土承担剪力，随着混凝土强度的增加，开裂荷载逐步提高，进而提高了梁整体承载能力；同时由于有限元分析中混凝土仅有 5 种强度取值，表现出的承载力增长呈简单的线性变化，当混凝土强度等级为 C50 时，抗剪承载力最大。从图 6-8 中也可以看出，加固试验梁与仿真模型的箍筋应变体现了同样的发展规律，最初的箍筋应变均比较小，此时是体外钢丝绳在发挥抗剪作用；当荷载值达到 100～200kN 时，箍筋应变开始发展，在这一过程中，混凝土强度等级为 C35、C50 的仿真模型应变值与试验梁的应变值变化走向一致，均体现了体外钢丝绳的主动加固作用。

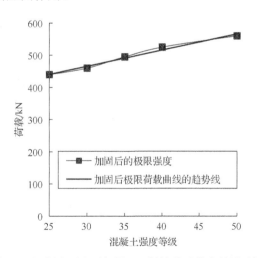

图 6-7　混凝土强度对加固 RC 梁抗剪承载力的影响图

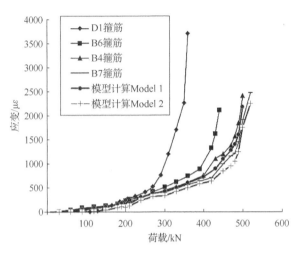

图 6-8　加固试验梁和仿真模型体内箍筋荷载-应变关系图

6.2.2　纵筋配筋率对加固梁抗剪承载力的影响

图 6-9 为纵筋配筋率对加固梁抗剪承载力的影响图。图 6-10 为加固试验梁和仿真模型体内箍筋荷载-应变关系图。图 6-9 表明，加固梁承载力随纵筋配筋率增加呈非线性增长，且随着纵筋配筋率的增加，极限荷载提高比率增大，原因是纵筋在梁体内具有销栓作用，随着配筋率逐步增加，纵筋在剪压区的销栓作用逐渐增加，从而使传递的剪力增大。从图 6-10 中也可以看到，随着纵筋配筋率的增加，梁体抗弯能力增强。同等荷载作用下，随着纵筋配筋率的增加挠度降低，如图 6-11 所示。

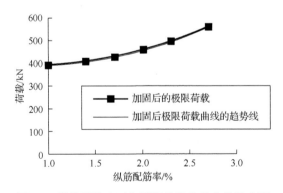

图 6-9　纵筋配筋率对加固梁抗剪承载力的影响图

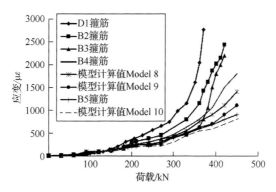

图 6-10　加固试验梁和仿真模型体内箍筋荷载-应变关系图

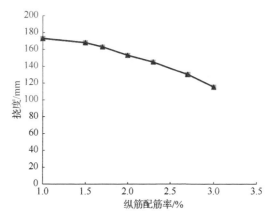

图 6-11　加固试验梁和仿真模型纵筋配筋率-挠度关系图

6.2.3　配箍率对加固梁抗剪承载力的影响

图 6-12 为配箍率对加固梁抗剪承载力的影响图。图 6-13 为加固试验梁和仿真模型体内箍筋荷载-应变关系图。图 6-14 为加固试验梁和仿真模型的配箍率-挠度关系图。图 6-12 表明，随着配箍率的增加，梁体的开裂荷载增大，进而提高了梁体的屈服荷载，承载力随配箍率呈非线性增长，且极限荷载提高比率逐渐降低。从图 6-13 和图 6-14 可以看出，随着配箍率的提高，同等荷载作用下箍筋应变减小，挠度降低。

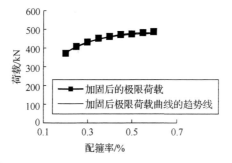

图 6-12　配箍率对加固梁抗剪承载力的影响图

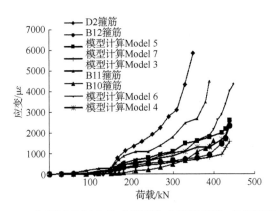

图 6-13　加固试验梁和仿真模型体内箍筋荷载-应变关系图

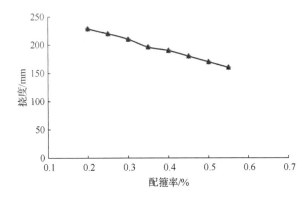

图 6-14　加固试验梁和仿真模型的配箍率-挠度关系图

为分析配箍率对承载力的影响，利用回归法得出曲线函数关系式如下：

$$F = -920.45\rho_{sv}^{2} + 921.7\rho_{sv} + 225.26 , \quad 0.2\% \leqslant \rho_{sv} \leqslant 0.6\% \quad （5-3）$$

经计算得知，当 ρ_{sv} ≤0.5%时，随着配箍率的增加，承载力不断提高；当 ρ_{sv} >0.5%时，承载力几乎不再提高。

6.2.4　体外预应力钢丝绳间距对加固梁抗剪承载力的影响

从 RC 梁的加固机理可以看出，体外预应力钢丝绳相当于 RC 梁的体外箍筋，在体外箍筋配筋率增加的条件下，抗剪承载力理论上应有所提升。图 6-15 为体外预应力钢丝绳间距对加固梁抗剪承载力的影响图。图 6-16 为加固试验梁和仿真模型的体内箍筋荷载-应变关系图。图 6-15 表明，随着体外预应力钢丝绳间距的减小，也就是体外配箍率的增加，加固梁体内箍筋屈服强度不断增大。这是因为体外预应力钢丝绳的作用机理与箍筋相同，参与抗剪作用后推迟了箍筋的屈服时间。加固后梁极限荷载曲线的趋势线呈线性变化。从图 6-16 中可以看出，随着体外预应力钢丝绳间距的减小，相同荷载作用下箍筋应变减小。

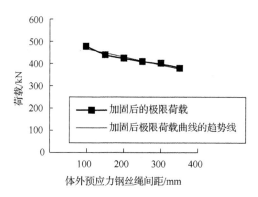

图 6-15 体外预应力钢丝绳间距对加固梁抗剪承载力的影响图

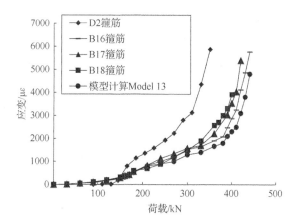

图 6-16 加固试验梁和仿真模型的体内箍筋荷载-应变关系图

6.2.5 剪跨比对加固梁抗剪承载力的影响

图 6-17 为加固试验梁和仿真模型的体内箍筋荷载-应变关系图，从图 6-17 中可以看出，随着荷载的不断增大，箍筋应变逐渐增加，加固梁的屈服荷载和极限荷载逐渐减小。图 6-18 为剪跨比对加固梁抗剪承载力的影响图。图 6-18 表明，当剪跨比小于 2.5 时，随着剪跨比的增大，加固梁的抗剪承载力减小；当剪跨比大于 2.5 时，曲线近似于直线，承载力不再发生变化，加固效果也不再明显，因此在等荷载作用下，随着剪跨比的增大，加固梁挠度也逐渐增加，当剪跨比大于 2 时，挠度趋于平稳，如图 6-19所示。

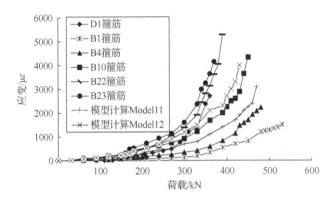

图 6-17　加固试验梁和仿真模型的体内箍筋荷载-应变关系图

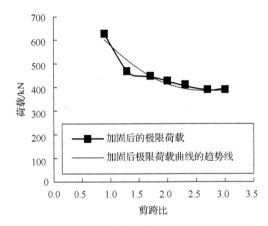

图 6-18　剪跨比对加固梁抗剪承载力的影响图

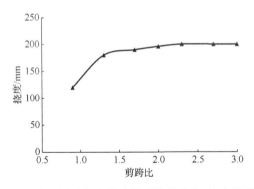

图 6-19　加固试验梁和仿真模型的剪跨比-挠度关系图

6.2.6　体外预应力钢丝绳预应力对加固梁抗剪承载力的影响

通过对 3 片试验梁的试验结果与 7 个仿真模型计算结果对比可知，对体外钢丝绳施加预应力能够有效提高加固效果，并且随着体外钢丝绳预应力的增加，效果更加明显。从图 6-20 可以看出，随着体外预应力钢丝绳预应力的不断增加，加固梁的抗剪承载力不断增加。

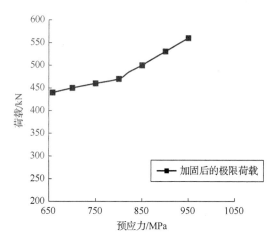

图 6-20　体外预应力钢丝绳预应力对加固梁抗剪承载力的影响

6.2.7　损伤程度对加固梁抗剪承载力的影响

有限元模型设计了损伤程度为 10%~90% 的 9 个参数,获得了损伤程度对加固梁抗剪承载力的影响图,如图 6-21 所示。从图 6-21 中可以看出,当损伤程度在 40% 以下时,加固梁极限抗剪承载力的变化不大,当损伤程度超过 40% 时,加固梁极限抗剪承载力开始下降,最终只能够达到 320kN。

以损伤程度为研究目的的仿真模型计算中,分析结论与试验结论有所不同。试验中加固梁的承载力随着损伤程度的增加,降低不明显,原因是在实际注胶加固操作中,由于注胶设备的原因,对于损伤程度小于 50% 的梁体裂缝,其注胶效果与损伤程度大、裂缝宽度大的加固梁的注胶加固效果相比较差,所以加固梁加固效果也较差;而在有限元分析中就不存在这个问题,所以在仿真模型计算中,随着损伤程度的增加,加固梁的抗剪承载力随之降低。

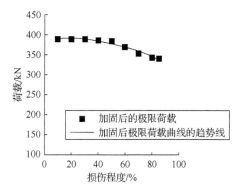

图 6-21　损伤程度对加固梁抗剪承载力的影响图

6.2.8　带载水平对加固梁抗剪承载力的影响

　　带载水平的参数设计结合了桥梁工作实际，一般条件下，RC 梁均在带载状态下工作，基于这一实际情况，设计了带载水平从 0～90% 的 10 个损伤带载状态。经过仿真模型计算结果可知，随着带载水平的不断增加，加固梁的极限抗剪承载力逐步下降，相应的挠度也逐渐增加，如图 6-22 和图 6-23 所示。

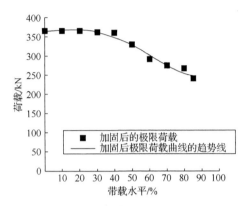

图 6-22　带载水平对加固梁抗剪承载力的影响图

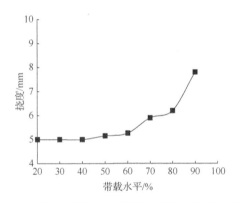

图 6-23　加固试验梁和仿真模型的带载水平–挠度关系图

6.3　本 章 小 结

　　本章通过对体外预应力钢丝绳加固 RC 梁的抗剪加固试验的有限元模拟分析得出，体外预应力钢丝绳抗剪加固可有效减少箍筋应变，延迟箍筋屈服，提高加固梁的极限承载力。建立的体外预应力钢丝绳加固 RC 梁的非线性有限元分析模型能够较好地预测和模拟加固梁的受力性能，计算得到的极限荷载、挠度、箍筋的屈服荷载与试验吻合较好，误差为 8%～10%。

　　通过对加固梁的试验结果和有限元仿真模型分析结果进行分析，获得了加固 RC 梁的设计参数和受力条件对抗剪承载力的影响规律。混凝土强度、纵筋配筋率、配箍率、

体外钢丝绳间距、剪跨比、体外预应力钢丝绳预应力、损伤程度和带载水平等 8 个方面
对加固梁的抗剪承载力的影响具体如下。

1）随着加固梁混凝土强度的增加，承载力呈线性增长。

2）随着加固梁纵筋配筋率的增加，承载力呈非线性增长。

3）当 $\rho_{sv} \leqslant 0.5\%$ 时，随着配箍率的增加，承载力不断提高；当 $\rho_{sv} > 0.5\%$ 时，承载力几乎不再提高。

4）随着体外钢丝绳间距的减小，承载力不断提高，且呈线性变化。

5）随着剪跨比的增加，承载力呈非线性关系减小，当剪跨比>2.5 时，承载力降低不再明显。

6）随着体外钢丝绳预应力的增加，加固梁的抗剪承载力呈非线性增长。

7）随着损伤程度的增加，加固梁的极限承载力有所下降，损伤较大的梁体加固效果为明显。

8）随着带载水平的增加，承载力降低。

第7章 损伤程度及带载水平有限元仿真模型设计

通过体外预应力钢丝绳抗剪加固试验及非线性有限元仿真分析可以看出，体外预应力钢丝绳加固方法能够有效提高 RC 梁的抗剪承载力。在实际桥梁中，RC 梁在工作时总是带有一定损伤，并且自身荷载很难完全卸除，所以桥梁加固总是在一定的损伤和恒载水平条件下进行的。因此，在分析损伤带载梁的抗剪加固能力时，应考虑原梁损伤程度及恒载带载水平的影响，否则会过高地估计加固梁的抗剪承载力。基于混凝土断裂损伤力学对混凝土的损伤和开裂行为简要介绍[15]。

7.1 混凝土损伤概述

混凝土因其材料特性在构件生产和使用过程中会产生不同程度的损伤，包括混凝土内部的微裂缝、局部碎裂及弯剪裂缝等，产生损伤的主要因素有：一是先天缺陷，这是由于构件制作过程中混凝土搅拌不均匀、振捣不充分而导致构件局部松散、麻面、空洞；二是钢筋配筋率过大，导致粒料无法通过钢筋空隙，使混凝土结构质地不均匀；三是受到外力作用如发生撞击而导致的破损；四是受到环境污染而引起的化学性侵蚀，导致混凝土表层剥落，进而引发钢筋锈蚀，或者是气候条件引起的冻融循环而导致的松散碎裂；五是混凝土结构受到外力作用而导致的开裂，这种损伤在钢筋混凝土结构中最为常见，是结构破坏的重要标准，也是多年来混凝土材料、力学等方向专家学者研究的热点。

对于梁内的微裂缝、空洞及局部破坏，一般采用经典力学计算方法、损伤力学方法及有限元分析方法等进行计算分析。其中，经典力学方法主要核心思想是对每类病害进行力学简化，利用混凝土在二维应力状态下的单轴和双轴条件下的拉压应力-应变关系来描述和计算混凝土的受力变化过程，但由于其损伤位置和程度均存在不确定性，所以无法对真实情况进行求解；损伤力学方法基于连续介质力学和热力学，采用固体力学的方法，从材料角度出发，构建混凝土损伤力学模型来描述混凝土损伤程度及影响，研究混凝土宏观力学性能的演化直至破坏的全过程，这种方法比较适合微观损伤的分析，如微裂缝、微孔洞等；有限元分析方法把二维本构关系通过三维立体单元来表达，对混凝土而言，Solid65 单元能够准确描述混凝土的损伤、开裂、压碎等行为，并能够把经典力学的应力-应变关系及损伤力学的损伤模型予以实现，是目前应用非常广泛的混凝土损伤模拟方法，并能获得较为精准的计算结果。RC 梁在工作期内产生的梁体开裂的裂缝模型，目前有分离式裂缝模型、弥散裂缝模型、线弹性及非线性断裂力学模型等各类。

对体外预应力钢丝绳加固 RC 梁而言，加固梁在荷载作用过程中，梁体混凝土会产生不同程度的损伤和开裂，其中损伤的描述在 ANSYS 仿真软件中利用选定的本构关系进行描述和模拟，裂缝的模拟方法是经过对现有模型的适用条件，结合加固试验实际工况进行选择的。为了更好地理解裂缝模拟的方法和过程，现对裂缝模型的基本理论进行简要介绍。

7.2　混凝土裂缝模型

混凝土裂缝是混凝土损伤破坏的外在显著特征，混凝土材料特性决定了其抗压能力明显高于抗拉能力，致使钢筋混凝土构件（非预应力）在未承受外荷载的情况下就可能出现裂缝。在 RC 梁破坏的过程中，混凝土内部产生很多微观损伤，表现为微裂缝、压碎等。梁体混凝土裂缝的产生及扩展，是梁体最终破坏的显著表现。所以混凝土构件在破坏之前都是带裂缝工作的，也就是处于不同程度的损伤状态。在使用过程中随着损伤程度的不断加大，体内钢筋与混凝土的应变关系不一致，导致在混凝土裂缝发展到一定程度后，钢筋才参与抗拉和抗剪工作，在这一形变过程中，混凝土出现了裂缝、软化、局部压碎等损伤情况。

基于混凝土材料结构的变形特点，近年来诸多专家学者提出了很多能够描述混凝土损伤开裂行为的方法，其中有限元的数值分析方法能够较为准确、简便地模拟开裂过程并对其进行数值分析，获得较为满意的计算结果。最初提出了分离式裂缝模型和弥散裂缝模型，在此基础上又衍生了虚拟裂缝模型和钝化裂纹带模型。下面对分离式裂缝模型、弥散裂缝模型、线弹性断裂力学模型、非线性断裂力学模型进行简要介绍。

7.2.1　分离式裂缝模型

分离式裂缝的模拟方法是沿着预先放置的裂缝将同一几何坐标点分为两个节点，即所谓的双节点方法，在裂缝之间加入特殊的联结单元。这种方法无法对裂缝开裂的全过程进行模拟，后来又有专家学者对这种方法进行了改进，即在有限元模型中允许裂缝按开裂判据条件在单元界面上生成，而不是按事先指定的位置，开裂判据是如果相邻两单元的平均应力超过混凝土的抗拉强度，则认为在两单元的共同边界上开裂。这种方法的弊端是在计算中当新的裂缝出现后就要增加节点数目并重新划分单元，在此基础上重新分析计算，求解出结构开裂后的位移和应力。这个计算过程非常烦琐，也颇费资源和时间。分离式裂缝模型如图 7-1 所示。

分离式裂缝模型需要通过这样几个步骤来实现，即确定起裂标准和裂缝扩展方向—确定裂缝扩展和调整单元网格—确定界面接触单元参数，这一过程的前提是预先设置裂缝的位置和走向，对于损伤梁比较适用，而对于研究无损伤钢筋混凝土结构并不适用。

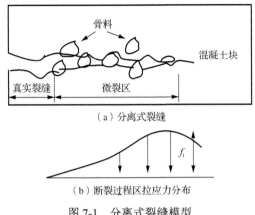

（a）分离式裂缝

（b）断裂过程区拉应力分布

图 7-1　分离式裂缝模型

7.2.2　弥散裂缝模型

弥散裂缝模型就像把裂缝分布弥散在混凝土中，它可以在任何方向上形成裂缝，进而不需要在有限元分析中重新定义开裂截面的位置和几何结构及裂缝走向，它无法体现裂缝的形状，而是从力学角度对混凝土的刚度的一种削弱效果。在裂缝出现后垂直于主拉应力方向材料的弹性模量和剪切模量均降低为零，泊松比也为零，如图 7-2 所示。

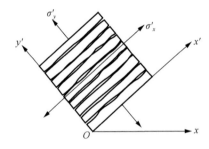

图 7-2　弥散裂缝模型

其本构关系矩阵为

$$\begin{bmatrix} d\sigma_1 \\ d\sigma_2 \\ d\sigma_3 \end{bmatrix} = \begin{pmatrix} 0 & 0 & 0 \\ & E & 0 \\ & & 0 \end{pmatrix} \begin{bmatrix} d\varepsilon_1 \\ d\varepsilon_2 \\ d\varepsilon_3 \end{bmatrix} \tag{7-1}$$

弥散裂缝模型不同于损伤力学和断裂力学意义上的真实裂缝，它无须考虑裂缝发展问题和边界问题。弥散裂缝的核心思想是当单元的最大主应力超过混凝土的抗拉强度时，把单元裂缝弥散到整个单元中，在裂缝产生后，由于裂纹面与骨料颗粒之间仍存在咬合作用而发挥抗剪能力，这时对于该单元混凝土的刚度矩阵贡献则有所减弱。也就是把裂缝转化为整体单元的损伤，这样就把裂缝问题转化为模型单元的本构关系调整问题，也就是提出新的混凝土本构关系，在本构关系中可以考虑裂纹类型及材料的弹塑性，而无须重新进行网格拓扑划分。弥散裂缝模型应用方便，是目前计算混凝土开裂状态常用的裂缝模型，但其无法描述裂缝位置和宽度，因此其存在局部连续模型的物理意义不明确的缺陷。

7.2.3 线弹性断裂力学模型

弹性断裂力学模型的前提条件是混凝土在断裂以前处于弹性状态，是带有裂纹的弹性体，而界定裂缝是否稳定有以下 2 种方法。

一是引入新的物理量——应力强度因子 K 来表征裂缝尖端附近的应力场的强度，当强度超过某一范围，即应力强度因子 K 大于断裂韧度 K_{IC}（混凝土抵抗裂缝扩展能力）时，裂缝发生扩展。基于弹性体的前提，将裂缝的受力变形模式分为 3 种：Ⅰ型（张开型）、Ⅱ型（滑开型）、Ⅲ型（撕开型），如图 7-3 所示。

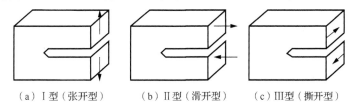

（a）Ⅰ型（张开型）　　（b）Ⅱ型（滑开型）　　（c）Ⅲ型（撕开型）

图 7-3　3 种裂缝类型

对应这 3 种裂缝类型，有 3 种应力强度因子，分别为 K_I、K_{II}、K_{III}，计算式分别为

$$K_I = \sigma\sqrt{\pi a} \tag{7-2}$$

$$K_{II} = K_{III} = \tau\sqrt{\pi a} \tag{7-3}$$

式中：　σ——正应力；

　　　　τ——剪应力。

二是基于能量角度出发，当裂缝扩展的能量释放率 G_I 小于形成新表面所需的能量吸收率 G_{IC} 时，裂缝不扩展，此时 G_I 是界定裂缝是否稳定的重要指标。

基于以上 2 种方法，提出了线弹性断裂力学模型——LEFM 模型。它能够较为简便地模拟混凝土的开裂行为，但也有其局限性。从材料角度来看，混凝土的受力过程具有明显的非线性，通过一系列试验及计算分析表明，线弹性断裂力学模型对于大体积混凝土结构能够较好地反映裂缝开裂，因为相对于大体积混凝土而言，裂缝过程区可以忽略，而对于小体积混凝土构件来说，裂缝过程区无法忽略，因此 LEFM 模型并不适用于小体积混凝土结构。

7.2.4 非线性断裂力学模型

非线性断裂力学模型包括虚拟裂缝模型和内嵌裂缝单元模型。

虚拟裂缝模型基于能量角度，能够准确模拟准脆性材料（如混凝土）的能量扩散过程。如图 7-4 所示，在裂缝扩展之前，裂缝端部密集的微裂缝形成了一个微裂区，该区域材料能够相互作用传递部分应力，传递能力随着裂缝宽度增大而减小，当应力减小为零时则开裂。图 7-4 描述了在加载—卸载过程中双线性应力与裂缝之间的关系。

内嵌裂缝单元模型如图 7-5 所示，其计算方法有 2 种：一种是利用构造奇异等参单元的方法获得应力强度因子，然后利用断裂力学方法对裂缝进行分析；另一种是基于混凝土裂缝的不连续特性，通过改变单元形函数，以构造内嵌裂缝的非连续单元模型。非线性单元模型在模拟过程中相对复杂，工程实践中应用较少。

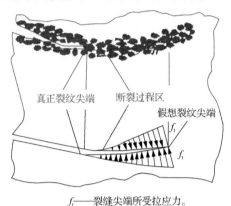

f_t——裂缝尖端所受拉应力。

图 7-4　虚拟裂缝模型的微裂区

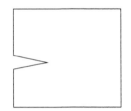

图 7-5　内嵌裂缝单元模型

7.3　裂缝的仿真模拟方法

关于 RC 梁裂缝的模拟，可以结合实际情况进行选择。由于研究的是 RC 梁在损伤状态下的承载力，所以裂缝的位置和宽度可以根据试验梁的实际预裂结果进行确定，这就大大简化了裂缝的模拟和计算，可以利用 ANSYS 软件中的生死单元来实现。

7.3.1　生死单元介绍

生死单元是目前机构分析中常用的单元类型，因其可以在大部分单元中任意杀死和激活，可以很好地在荷载步中进行调整，进而实现在计算过程中对结构的损伤、几何形状变化、边界条件调整等操作，使结构的数值分析更加接近实际工况。

生死单元能够对已经建立的结构单元进行杀死和激活，在一些顺序施工或机械组装的结构中，对于一些无法倒序建立的结构分析非常有效，钢筋混凝土结构常用的 Solid65、Solid45、Link8、Link10、Link180 等单元都可以应用。

在运用生死单元的时候，结构的局部单元被杀死后，随着荷载步的施加，生死单元能够记录加载过程中的位移、形变、内力，并将其施加到下一荷载步，这是顺序建立模型无法做到的。当单元被杀死时，并不是将该单元删除，而是将其刚度矩阵乘以一个因子，默认值为 1.0×10⁻⁶，大大减小其刚度矩阵的贡献，同样单元的质量、阻尼、比热等贡献也均为零；单元被激活，这些参数将恢复到原始数值。

7.3.2 损伤裂缝模拟方法

在对原梁进行预裂损伤时，首先要确定裂缝的实际位置和宽度，以 D2 试验梁为例，对其施加极限承载力 70%的荷载，此时裂缝情况为：当荷载增加到 130kN 时，在剪跨区中性轴附近出现①号、②号、③号、④号、⑤号受剪斜裂缝，随着荷载的增加，斜裂缝逐渐延伸，沿 45°斜裂缝尤其明显，此时斜裂缝宽度达到 0.12mm。荷载继续增加，受弯裂缝基本不再向上发展，宽度缓慢发展，但是斜裂缝不断发展，当荷载达到 200kN 时，斜裂缝宽度达到 0.25mm，荷载增加到 245N 时，出现多条与主裂缝平行的短小斜裂缝，如图 7-6 所示。

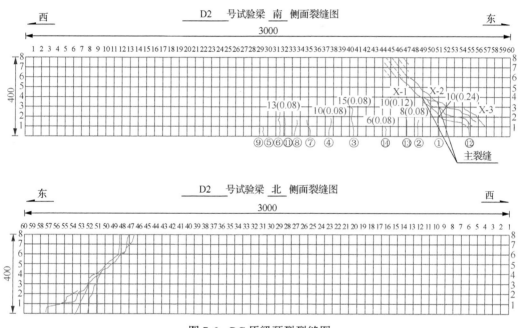

图 7-6 RC 原梁预裂裂缝图

模型在第一荷载步里施加极限荷载 70%的荷载，然后施加第二荷载步——卸载，激活体外钢丝绳，并对体外钢丝绳用等效荷载法施加预应力，针对图 7-6 中①号、②号、③号、④号、⑤号这 5 条主裂缝的位置坐标进行了确定，在有限元模型中找到相应单元号，利用生死单元先杀死裂缝位置处的单元，对于能够进行注胶加固的裂缝则改变该单元的弹性模量（加固胶弹性模量）。接着施加第三荷载步，直至模型破坏，获得最终极限承载力。

这里需要提到的是关于生死单元模拟裂缝的几个问题：形变的问题，由于建立裂缝时还需要获得裂缝宽度，所以在这里需要打开大变形选项，即[NLGEOM,ON]，这时可以根据模拟裂缝的生死单元的变形来获得裂缝的宽度；计算结果问题，由于运用生死单元杀死裂缝处的混凝土单元后，单元刚度矩阵贡献为零，而实际试验梁中，混凝土开裂后，在裂缝面的垂直和平行于裂缝方向上混凝土和骨料的咬合力仍然存在，还能提供一定的抗剪承载力，所以通过仿真模型计算的极限承载力稍小于试验值，误差在 8%左右。

下面给出生死单元的相关命令流：

```
/solu                    !进入求解模块
antype,0
nsubst,80
outres,all,all
autos,on                 !打开大变形（否则杀死的钢丝绳单元无法跟随梁体变形）
neqit,50
time,1
cnvtol,f,,0.1
p0=10000/160/100         !荷载
asel,s,loc,y,220
sfa,all,1,pres,p0        !施加压力
esel,s,,,719,723         !选择裂缝位置的单元号
esel,s,,,724,728
esel,a,,,687,688
esel,a,,,792,796
esel,a,,,333
esel,a,,,761,765
ekill,all                !选择并杀死单元
allsel
solve                    !求解
```

7.4　RC 梁带载仿真模拟

损伤带载梁的带载状态通过加载步来实现，其模型建立步骤如下。

1）建立 RC 梁体几何模型。

2）建立体外钢丝绳模型。

3）杀死体外钢丝绳单元（打开大变形功能）。

4）施加 70%极限荷载进行损伤预裂，然后卸载。

5）调整裂缝单元弹性模量模拟注胶加固，改变弹性模量可用命令[MPCHG]实现。

6）继续加载至所需带载水平（极限荷载的 10%～90%）。

7）通过实验室加固梁试验找到所需带载水平下的裂缝位置，杀死仿真模型该位置混凝土单元，对宽度达到 0.2 以上的裂缝单元进行弹性模量设置，调整模拟注胶加固。

8）激活体外钢丝绳单元，此时钢丝绳已经在加载过程中随梁体变形而产生形变，可用降温法调整钢丝绳预应力，使其达到试验设计预应力值。

9）继续加载至梁体破坏。

与加固梁破坏试验值进行对比，仿真模型数值分析的结果误差在 8.5%以内。

7.5　RC 梁损伤及带载仿真模型设计

在实际桥梁中，由于桥梁设计和使用条件的不同，RC 梁的损伤程度和带载水平程度的分级是比较密集的，并且损伤程度与带载水平之间的组合也是不尽相同的，第 3 章通过试验已经获得了不同损伤程度和带载水平加固梁的极限抗剪承载力，但由于样本数量少，不能够详尽描述损伤和带载的各种组合中的承载力变化情况。

为此利用有限元仿真模拟的方法，建立不同程度的损伤和带载模型，并对损伤程度和带载水平进行排列组合，模拟实际桥梁使用过程中的各种随机使用状态，深入分析损伤和带载对加固梁加固效果的影响。

有限元仿真模拟以带载水平 10%～90%、损伤程度 30%～90%进行排列组合，设计了 63 个不同损伤程度和带载水平的模型样本，进行了原梁损伤和损伤带载两种情况下的加固梁抗剪极限承载力的数值分析。仿真模型设计参数见表 7-1。

表 7-1　仿真模型设计参数

梁的设计参数						模型数量
带载水平/%	损伤程度/%	配箍率/%	纵筋配筋率/%	混凝土强度等级	布筋间距/mm	
10、20、30、40、50、60、70、80、90	30、40、50、60、70、80、90	0.35	2.0	C30	250	63

对模型计算结果进行分析后获得在 40%、60%、80%、90%损伤程度下，带载水平从 10%增加到 90%时，加固梁的极限承载力变化情况，如图 7-7 所示。由图 7-7 所知，随着带载水平的不断增加，加固梁极限承载力呈下降趋势。

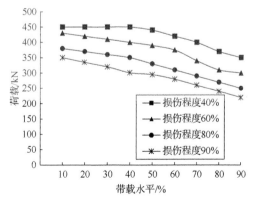

图 7-7　RC 梁仿真模型在不同损伤程度下带载水平-荷载关系图

7.6　本 章 小 结

　　本章基于混凝土损伤力学、断裂力学系统阐述了混凝土损伤开裂的过程及相关模型，提出了体外预应力钢丝绳加固 RC 梁的方法及裂缝模拟方法，利用大型通用有限元分析软件，结合试验实际，在充分考虑损伤和带载影响因素下，针对 RC 梁的仿真模型进行了系统的设计。

第8章 遗传算法

在前面的加固梁承载力试验及有限元仿真模拟中可以看到，原梁的设计参数对加固梁的抗剪承载力有明显影响，而在桥梁实际工作中，总是伴随着损伤和带载的共同作用。在第3章中提出的加固梁抗剪承载力的计算方法中，均未考虑损伤程度和带载水平的影响，但这两方面因素确实存在，尤其对于体外预应力钢丝绳的加固方法而言，梁体损伤裂缝的宽度对注胶加固效果有明显影响，而带载则与梁体实际工作相关，并且带载水平无法固定。在此基础上，考虑了一种新的抗剪承载力计算方法，即基于桁架-拱模型的承载力计算方法，综合考虑在损伤和带载同时存在的条件下抗剪承载力的计算方法，进而对加固梁的抗剪能力进行安全、准确的预估。对于一种计算模型的提出，一般要基于大量的试验数据进行系统分析，而受到试验限制无法获得所需样本数量。基于前面已经获得的试验数据和仿真计算结果，采取遗传算法对现有试验、仿真样本进行繁殖，再利用最小二乘法等数学方法进行系统计算分析，最终获得抗剪承载力计算模型所需样本群。下面对遗传算法进行简要介绍[16-19]。

8.1 遗传算法基本原理及特点

遗传算法是模拟达尔文的遗传选择和自然淘汰的生物进化过程的计算模型，是一种宏观意义下的仿生算法，这种算法模拟了生物在生息繁衍的过程中发生的遗传和进化进程，是一种通过模拟自然进化过程搜索最优解的方法，它模仿的机制是一切生命与智能的产生与进化过程。实现搜索最优解的关键在于搜索的全局性和优化性能。遗传算法的核心计算思想是：为求得一个最优解，先将 n 个点组成一个群体，在多个群体中搜索最优解。实现最优解的关键：一是能够全局搜索，二是能够优胜劣汰，二者共同作用的结果为最优解。这时引入一个概念：算子，算子分为操作算子、交叉算子，操作算子的作用是对由 n 个点组成的群体进行优劣评价，这时完成了优胜劣汰环节；而实现全局搜索的环节是通过交叉算子将群体中的点进行点与点的成双搭配，目的在于实现两个点之间的染色体互换，遗传算法记住了这种基因的优化交换产生的新染色体，进而实现全局搜索。经过优胜劣汰，所有群体中好的基因被遗传下来，使群体的基因得到最大限度的优化，从而得到问题的最优解。

8.1.1 遗传算法的特点

遗传算法作为一种可用于复杂系统优化选择的计算工具被广泛运用，在工程技术应用中，随着各种计算软件快速发展、计算数据庞大，大量数据进行优化处理成为计算的关键问题。传统的优化算法只能对变量的实际值进行改变，而遗传算法首先决策的是变量的编码，是以编码为变量的载体和处理对象，这种方式使人们对生物学染色体和基因概念的运用更加充分并贴近问题实际，更加方便地运用遗传操作因子。遗传算法不需要其他导数、空间知识等工具，只要有影响搜索方向的目标函数和相应的适应度函数，直接以适应度为搜索信息，使用概率搜索方法，在解空间内直接、充分、多点搜索信息，方便进一步择优计算。遗传算法因鲁棒性强、全局搜索性强等特点，被广泛运用到优化选择计算中。

8.1.2　遗传算法的数学原理

遗传算法的理论基础是霍兰提出的模式定理和积木块假设理论，下面详细介绍模式定理和积木块假设理论。

1. 模式定理

模式的含义是描述某些位置上具有相似结构特征的个体编码串的子集的模块，记为 H，模式中具有确定基因值的位置数目称为模式的阶（schema order），记为 $O(H)$，而 H 中第一个和最后一个基因确定值之间的距离为模式长度（schema defining length），记为 $\delta(H)$。这里引入一个概念：模式定理。

模式定理：具有低阶、短定义距及平均适应度高于种群平均适应度的模式在子代中呈指数级增长。模式定理保证了较优的模式（遗传算法的较优解）的数目呈指数级增长，为解释遗传算法机理提供了数学基础。

模式定理从模式角度论证了 N 个初始种群在经过选择、交叉、变异算子后模式 H 的变化：

$$m(H,t+1) \geq m(H,t) \cdot \frac{f(H)}{f} \cdot \left[1 - p_c \frac{\delta(H)}{l-1} \right] - (1-p_m)^{O(H)} \tag{8-1}$$

式中：$m(H,t+1)$——第 $t+1$ 代种群 $p(t+1)$ 中模式 H 所能匹配的样本数量；

　　　$f(H)$——第 $t+1$ 代所有模式 H 的平均适应度；

　　　f——种群平均适应度；

　　　l——串的长度；

　　　p_c——交叉概率；

　　　p_m——变异概率。

模式数量的多少与遗传运算有关，其决定因素是选择、交叉、变异这 3 项行为的情况，其对模式的具体影响变化为如下 3 个方面。

1）模式平均适应度的影响：如果平均适应度比群体适应度高，那么意味着模式将在下一代继续增长；如果平均适应度比群体适应度低，那么模式将在下一代有所减少。

2）模式距的影响：如果模式距较短，则交叉后样本的数量会增多；否则会越来越少。

3）模式的阶的影响：模式的阶越低，变异后存在的概率会越大，它大约为 $1 - O(H) \times p_m$，$p_m \leqslant 1$。

2. 交叉概率 p_c 和变异概率 p_m 的作用

当其他值不变时：

1）p_c 和 p_m 越小，则第 $t+1$ 代中 $m(H,t+1)$ 越大，个体的相似部分越多，而新出现的个体越少，这样就缩小了搜索的范围，虽然计算容易结束但结果不会令人满意。

2）p_c 和 p_m 越大，总群的多样性越多，这就扩大了搜索范围，使得获得最优解的选择增多，但这种情况容易导致计算收敛的速度慢，同时能将种群中好的模式破坏，所以，p_c 和 p_m 值不是越大越好，应当在一定优化的范围内。

3. 积木块假设

积木块是指具有低阶、短模式距及高适应度的模式。符合模式定理的这类模式在遗传算法中非常有用。遗传算法模拟了生物的进化机制，模式定理则提供了一种解释这种机制的数学工具。积木块假设的核心思想就是利用遗传算法在一些好的模式之间相互拼搭结合，产生适应度更高的串，从而得到最优解。

积木块假设：低阶、短模式距、高平均适应度的模式（积木块）在遗传算子作用下，相互结合能生成高阶、长距、高平均适应度的模式，最终生成全局最优解。

为了能够保证得到最优解，遗传算法的重要手段是基因的优化和全局搜索，而能够实现全局搜索的关键就是积木块，积木块能够生成高阶、长距、高平均适应度的模式，这就保证了遗传算法实现了全局搜索，而模式定理只是使模式的样本呈指数级增长。

虽然积木块假设只是一种理论上的假设，可从被运用到遗传算法中到目前的发展深化，人们对积木块假设解释遗传算法都给予了支持。它解决了优化选择的许多问题，并为遗传算法提供了理论基础，也被广泛运用到获取最优解的实际问题中，是一种非常适合解决组合优化问题的方法和手段。

8.1.3 遗传算法的应用过程

遗传算法主要通过选择、交叉、变异的过程实现择优计算，这也是优于传统方法的关键。遗传算法包含 5 个基本要素：参数编码、初始群体设定、适应度函数设计、遗传操作设计、遗传参数设定。下面主要阐述遗传算法的实现过程，具体操作流程如图 8-1 所示。

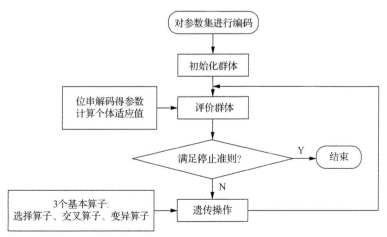

图 8-1　遗传算法具体操作流程

第一步：创建基因串数据。

为建立优化积木块以贴近问题的最优解，要对种群中的个体进行预定形式的组成并在个体间进行结构相似性的搜索。但这些计算参数是遗传算法无法识别的，所以要把二进制编码变为基因串形式和结构的数据，以便于数据处理。

第二步：生成初始群体。

遗传操作将个体组成群体并设定为初始化群体，通过遗传算法进行类似迭代计算的进化，直至生成最后一代最优化的群体。

第三步：适应度函数设计。

遗传算法利用评估函数值即适应度（fitness）来评估个体的优劣，无须辅助信息，适应度是评价群体中个体的标准，在遗传计算过程中非常重要。

第四步：遗传参数选择。

合理选择遗传参数，如染色体位串长度 m、群体规模 N、进化迭代次数 T、交叉概率 p_c 及变异概率 p_m 等，这些参数在初始阶段和种群进化时对遗传算法运行有一定影响，所以需要合理选择设置，以确保遗传算法能够遵循最佳运算轨迹获得最优解。

第五步：遗传操作设计。

遗传算法发挥其基因遗传功能，模仿生物的基因遗传特性开始对种群的适应度进行计算，从而得到最优解。这种操作包括选择、交叉和变异 3 种形式，是遗传算法的核心功能，也是实现优胜劣汰的根本功能。

8.2　建　立　模　型

8.2.1　模型建立基本原理

设有 N 个样本（$X_{i1}, X_{i2}, \cdots, X_{im}, Y_i$），其中 $i = 1, 2, \cdots, N$，X_{im} 为预报因子，Y_i 为预报量（实测值）。按照遗传算法的工作流程，当用遗传算法求解问题时，必须在目标问题实际表示与遗传算法的染色体位串结构之间建立联系，即确定编码与解码运算。通常将决策变量编码记为二进制串，串长取决于需要的精度。本模型采用基因呈一维排列，基于[0,1]符号集的定长染色体二进制编码形式，对于预报因子集（$X_1, X_2, \cdots, X_m$），染色体位串长度 m 等于预报因子个数，每一基因按顺序对应相应的预报因子，将染色体位串作为因子组合时的因子入选发生器，无须解码计算。当某一基因位的基因为"1"时，该基因位所对应的预报因子被选入因子组合集，当某一基因位的基因为"0"时，该基因位所对应的预报因子不被选入。如图 8-2 所示，由该染色体位串确定的因子组合集为（X_1, X_4, X_5, X_6, X_8），于是可根据该因子组合集建立相应的回归方程。

X_1	X_2	X_3	X_4	X_5	X_6	X_7	X_8	X_9
1	0	0	1	1	1	0	1	0

图 8-2　染色体基因序列

对由因子入选发生器构建的任一预报因子组合集（$X_{a1}, X_{a2}, \cdots, X_{ak}$），由样本集经多元线性回归可得到相应的回归方程如下：

$$u_i = b_0 + b_{a1}X_{a1} + b_{a2}X_{a2} + \cdots + b_{ak}X_{ak} \quad (8\text{-}2)$$

式中：b_0——回归常数项；

$b_{ai}(i=1,2,\cdots,k)$——各预报因子的回归系数；

X_{ak}——自变量集。

模型个体适应度函数的设计非常关键，适应度函数是个体生存机会选择的唯一确定性指标，构成了个体的生存环境，直接决定着群体的进化行为。在遗传算法中个体适应值规定为非负，并且在任何情况下总是希望越大越好，因此需要建立适应度函数与目标函数的映射关系，保证映射后的适应值是非负的，并且目标函数的优化方向对应于适应值增大方向，为此，设定模型目标函数为

$$\min \text{error} = \|Y-u\|_2 = \left[\sum_{i=1}^{n}|Y_i-u_i|^2\right]^{1/2} = (Y-u, Y-u)^{1/2} \quad (8\text{-}3)$$

式中：$\|\|$——定义在线性空间上的某种范数，这里相当于取常用的 2-范数；

Y_i——样本实测值；

u_i——样本预测值；

n——样本集样本个数。

适应度函数：

$$\text{fit}(\cdot) = \frac{1}{1+\text{error2}(\cdot)} \quad (8\text{-}4)$$

式中：

$$\text{error2}(\cdot) = \sqrt{\frac{\text{error}}{n}}$$

8.2.2 程序建立步骤

本文利用 MATLAB 语言编制了体外预应力钢丝绳加固 RC 梁试验数据和有限元计算结果的优化选择计算程序，程序结构框图如图 8-3 所示。

遗传算法程序建立步骤如下。

1）准备样本。将体外钢丝绳加固 RC 梁试验数据和有限元计算数据转化为自变量因子 $X_{ij}(i=1,2,\cdots,n; j=1,2,\cdots,m)$ 和因变量因子 $Y_i(i=1,2,\cdots,n)$ 模式。

2）确定各类计算参数即染色体长度 m，也就是总体计算因子的数量，确定种群大小 R，设置合理的交叉、变异概率 p_c 和 p_m 及终止代数 maxgen。

3）输入设定参数并初步形成种群，并按照二进制编码模式生成 R 个染色体。

4）依据染色体的基因序列，按照染色体的入选方式对其进行因子组合得到染色体因子组合集 X_{ak}。

5）计算染色体的个体适应值。计算方法是：首先对入选因子状况按照训练样本子集进行回归计算，得出总体回归系数 b_0 和 b_{a1}，并创建回归方程，由回归方程计算出拟合与预测误差平方和 error，获得适应值 fit。

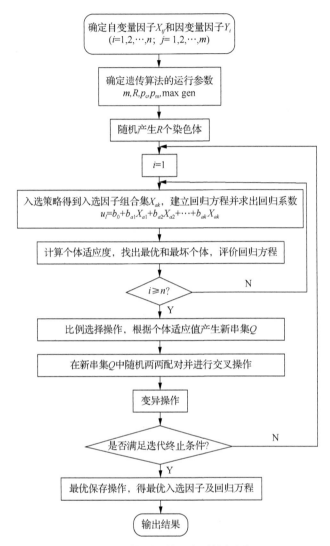

图 8-3　模型计算程序结构框图

6）按照步骤 5）的方法反复计算 R 次，获得种群适应值。

7）执行选择、交叉和变异算子，依轮盘赌选择法进行选择操作，采用单点交叉算子。

8）由此转到步骤 4），继续运算，直到获得 k 个子代成员。

9）选择最佳个体，即对子代成员进行优化筛选，保留精英子代部分。

10）如得到满足迭代终止条件，则执行迭代终止准则；如不满足终止条件，则继续重复步骤 4）的操作。

11）结果整理，输出所需结果。

8.3 本 章 小 结

本章阐述了建立考虑损伤和带载条件下的抗剪承载力计算的数学模型的重要性，引出了遗传算法的概念，简要介绍了遗传算法的概念、数学原理、应用过程、特点优势，以及遗传-回归算法基本原理的核心思想，并说明了利用 MATLAB 软件建立遗传-回归数值模型的基本过程。

第9章 基于桁架-拱模型的体外预应力钢丝绳加固RC梁剪力计算方法

体外预应力钢丝绳加固RC梁属于创新加固方法，本章采用体外预应力钢丝绳加固RC梁试验数据和非线性有限元理论计算数据，基于桁架-拱计算模型，利用遗传-回归计算方法，研究体外预应力钢丝绳加固RC梁的抗剪承载力的计算方法。

9.1 桁架-拱模型

本书第3章对体外预应力钢丝绳加固机理进行了分析，提出体外钢丝绳加固RC梁可以用桁架-拱模型进行模拟，其抗剪作用机理是：抗剪承载力由桁架作用和拱作用共同承担，其中钢丝绳、抗剪钢筋和混凝土共同提供的抗剪承载力相当于桁架作用，而混凝土压杆承担的抗剪承载力看作是拱的作用[20-21]。

9.1.1 桁架模型

加固梁的纵向受拉钢筋相当于下弦拉杆，箍筋和钢丝绳为受拉腹杆，混凝土相当于受压斜腹杆。桁架机构的计算简图及加固模式如图9-1所示。

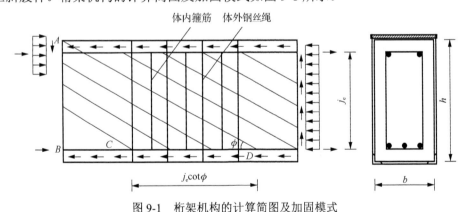

图9-1 桁架机构的计算简图及加固模式

1. 箍筋、钢丝绳的配筋率

由于试验梁尺寸较小，受压区面积相对整个截面的比例较大，折减较小。梁内斜压应力场中的压应力由箍筋的四角承担，桁架模式的有效截面面积取$b \times j_e$。同时，采用ρ_{sv}表示箍筋量，定义为有效配箍率［见式（9-1）］；钢丝绳的有效配筋率采用ρ_{sw}表示，定义为钢丝绳的有效配箍率［见式（9-2）］。

$$\rho_{sv} = \frac{A_{sv}}{bs} \tag{9-1}$$

$$\rho_{sw} = \frac{A_{sw}}{bs_{w}} \tag{9-2}$$

式中：A_{sv}——截面箍筋面积；

　　　b——梁宽；

　　　s——箍筋间距；

　　　A_{sw}——截面体外预应力钢丝绳面积；

　　　s_{w}——体外预应力钢丝绳间距。

2. 桁架模型中承担的剪力 V_t 和桁架模型的角度 ϕ

从试验结果可知，在试验梁达到极限破坏时，梁内箍筋已经达到屈服，钢丝绳的抗拉强度也达到了设计强度。在图 9-1 中，箍筋屈服，沿直线 AD 取截面，取下半部分隔离体，得到图 9-2。根据平衡条件，桁架模式中承担的剪力 V_t 为直线切断的箍筋、钢丝绳应力之和。由 CD 的宽度 $j_e \cot\phi$ 和 ρ_{sv}、ρ_{sw} 的定义可得下式：

$$V_t = \sum A_{sv} f_{sv} + \sum A_{sw} f_{sw} = \rho_{sv} f_{sv} b j_e \cot\phi + \rho_{sw} f_{sw} b j_e \cot\phi \tag{9-3}$$

式中：f_{sv}——箍筋的屈服强度；

　　　f_{sw}——钢丝绳的屈服强度；

　　　b——试验梁宽度；

　　　j_e——桁架机构的有效高度；

　　　ϕ——混凝土斜压杆的倾角。

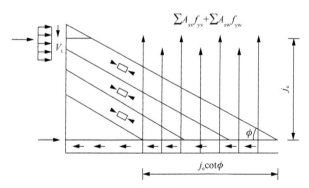

图 9-2　桁架模型的剪力平衡图

桁架模式中斜压杆的角度取值是有限制的。角度较小时（即 $\cot\phi$ 较大时），斜裂缝区域横向的压应力大，应力传递困难，这里取 $\cot\phi = 2$（$\phi \geqslant 26.5°$）为上限。同时，$\cot\phi$ 与混凝土的斜向压应力有一定的关系。在图 9-1 中，沿直线 AD 取截面，取上半部分隔离体，得到图 9-3（a）。在图 9-3（a）中考虑混凝土斜向压应力、箍筋拉力和纵向钢筋拉力的平衡，得到图 9-3（b）。

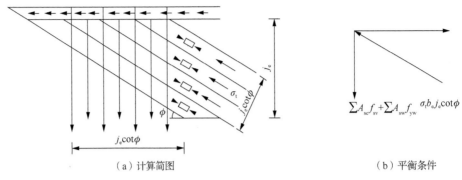

（a）计算简图　　　　　　　　　　　　　　　　　（b）平衡条件

图 9-3　桁架模型的压应力平衡图

由此平衡条件可计算混凝土斜向压应力 σ_t：

$$\sigma_t = (\rho_{sv} f_{yv} + \rho_{sw} f_{yw})(1 + \cot^2 \phi) \tag{9-4}$$

其中，考虑到 $\sigma_t \leqslant \nu f_c$，$\nu = 0.7 - \dfrac{f_c}{200}$，得到下式：

$$\cot \phi \leqslant \sqrt{\frac{\nu f_c}{\rho_{sv} f_{sv} + \rho_{sw} f_{sw}} - 1} \tag{9-5}$$

从而

$$\cot \phi = \min\left(\sqrt{\frac{\nu f_c}{\rho_{sv} f_{sv} + \rho_{sw} f_{sw}} - 1}, 2\right)$$

式中：ν——混凝土的软化系数，$\nu = 0.7 - \dfrac{f_c}{200}$。

9.1.2　拱模型

因为按照桁架模型建立的抗剪强度随着配筋率的减小而降低，当无箍筋时抗剪强度为零，所以引入拱模型的概念，为了简化计算，将实际拱模型视为斜压杆，计算模式如图 9-4 所示。

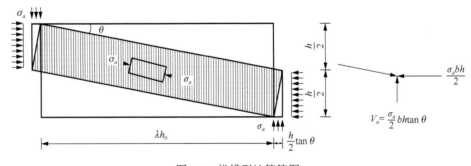

图 9-4　拱模型计算简图

由图 9-4 的几何条件可以得出：

$$\tan\theta = \frac{\dfrac{h}{2}}{(\lambda h_0)^2 + \dfrac{h\tan\theta}{2}} \tag{9-6}$$

其中 λ 为剪跨比，$h_0 = 0.9h$，式（9-6）可简化为

$$\tan\theta = \sqrt{(0.9\lambda)^2 + 1} - 0.9\lambda \tag{9-7}$$

由平衡条件得到拱模型中混凝土所承担的抗剪承载力为

$$V_a = \frac{bh}{2}\sigma_a \tan\theta \tag{9-8}$$

式中：θ——拱模型中混凝土斜压杆的倾角；

　　　σ_a——拱模型中混凝土的轴向压应力；

　　　h——梁高。

由于高强度混凝土在产生裂缝后会发生软化现象，因此基于安全考虑引入软化系数 ν 对混凝土强度进行调整，并忽略桁架中混凝土斜压杆的倾角和拱倾角的差异，由此得

$$\sigma_t + \sigma_a = \nu f_c \tag{9-9}$$

加固梁的抗剪承载力由桁架作用和拱作用叠加，计算公式为

$$V = V_t + V_a$$
$$= (\rho_{sv} f_{sv} bj_e \cot\phi + \rho_{sw} f_{sw} bj_e \cot\phi) + [\nu f_c - (\rho_{sv} f_{sv} + \rho_{sw} f_{sw})(1 + \cot^2\phi)] \cdot \frac{1}{2}bh\tan\theta \tag{9-10}$$

由第 3 章中各设计参数对加固效果的影响可以看出，剪跨比对承载力有较大的影响，基于这种考虑，当剪跨比大于 2.7，即塑性铰的长度为 $1.5h$ 时，在剪跨段内出现了宽度较大的弯剪裂缝，根据日本建筑协会指南，对 $\cot\phi$ 的上限按下式进行折减：

$$\cot\phi = \begin{cases} 2 - 50R_p, & R_p \leqslant 0.02 \\ 1, & R_p \geqslant 0.02 \end{cases} \tag{9-11}$$

式中：R_p——期望的最大塑性转角，当剪跨比大于 2.7 时，试验梁的 $1/R_p = 50$，$\cot\phi$ 取 1。

利用桁架-拱模型来模拟体外预应力钢丝绳加固 RC 梁有两个假定条件，一是忽略混凝土的抗拉强度，即混凝土的压应力必须小于有效强度 νf_c，f_c 为混凝土单轴抗压强度；二是忽略受弯钢筋的强度，即认为桁架作用破坏的主要原因是试验梁腹部混凝土压坏或者梁腹部箍筋或弯起钢筋的屈服，而不是由于底部或顶部纵向受拉钢筋的屈服。

9.2　基　本　假　定

模型中各参数设置基本假定如下。

1）目标函数适应度的确定。按式（8-3）设定遗传算法的适应度函数，对公式模型进行回归分析。

2）遗传算法的种群数量为 150。

3）交叉概率为 0.8。

4）变异概率为 0.1。

5）最大遗传代数为 500。

6）算法验证。

搜索过程如图 9-5 所示，算法在迭代大约 20 代后趋于收敛，适应度的最终值为 $9.4613×10^{-6}$。说明构造的计算公式可以较好地逼近样本数据。

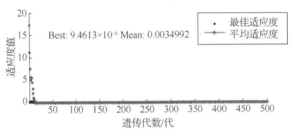

图 9-5　适应度函数的演化过程

9.3　确定模型因子和参数

9.3.1　钢丝绳强度发挥系数的确定

在梁体破坏时，体外钢丝绳抗拉强度设计值为 1397MPa 时钢丝绳的实测应力值见表 9-1。

表 9-1　体外钢丝绳抗拉强度设计值为 1397MPa 时钢丝绳的实测应力值

序号	钢丝绳极限抗拉强度实测值/MPa	实测值/设计值
1	1634.07	1.17
2	1635.45	1.17
3	1561.92	1.12
4	1669.86	1.20
5	1568.01	1.12
6	1610.68	1.15
7	1694.64	1.21
8	1550.12	1.11
9	1595.54	1.14
10	1543.23	1.10
11	1694.64	1.21
12	1548.74	1.11
13	1561.13	1.12
14	1548.78	1.11
15	1694.64	1.21
16	1660.23	1.19
17	1667.11	1.19

假设体外钢丝绳的调整系数为 η_1，由表 9-2 中数据表明，取置信度为 95%时，求得置信区间为 1.1255~1.2145。理论上，设计强度可适当提高，从安全及与规范相统一的角度，钢丝绳强度发挥系数应取 1.0，即 $\eta_1 = 1.0$。

表 9-2　钢丝绳调整系数分析

样本容量	16
样本平均值	1.17
样本标准差	0.041748253
抽样平均误差	0.010437063
置信度	0.95
自由度	15
t 分布的双侧分位数	2.131449536
允许误差	0.022246074
置信下限	1.125507852
置信上限	1.214492148

9.3.2　带载水平调整系数与损伤程度调整系数

在加固试验中，原梁的带载水平和损伤程度对加固梁的承载力有明显影响，基于承载力计算准确度的考虑，计算公式中引入带载水平和损伤程度的因素，η_2 为混凝土损伤程度调整系数，η_3 为混凝土的带载水平调整系数，加固梁抗剪承载力计算公式最终为

$$V = (\rho_{sv} f_{sv} bj_e \cot\phi + \eta_1 \rho_{sw} f_{sw} bj_e \cot\phi) + [\nu f_c - (\rho_{sv} f_{sv} + \eta_1 \rho_{sw} f_{sw})(1 + \cot^2\phi)]$$
$$\cdot \frac{1}{2} bh \tan\theta \eta_2 \eta_3 \tag{9-12}$$

确定损伤程度调整系数 η_2、带载水平调整系数 η_3 时，首先应选择样本。分析 η_2 时，试验梁样本在裸梁状态下损伤程度为 0~85%，共 14 个样本，分为 3 组，损伤程度分别为 0~50%、60%~70%、75%~85%；分析 η_3 时，选择损伤程度为 70%（典型状态），带载水平为 0~85%，共 14 个样本，分为 3 组，带载水平分别为 0~40%、40%~70%、70%~85%，数据样本见表 9-3 和表 9-4。

表 9-3　裸梁状态下损伤程度调整系数 η_2 分析样本汇总表

序号	梁号（模型编号）	损伤程度/%	极限承载力/kN
1	Model1	0	389
2	Model2	10	389
3	Model3	20	389
4	Model4	30	388

续表

序号	梁号（模型编号）	损伤程度/%	极限承载力/kN
5	Model5	40	387
6	Model6	50	386
7	B15	60	370
8	Model7	60	368
9	B16	70	353
10	Model8	70	354
11	Model9	75	348
12	B14	80	344
13	Model10	80	343
14	Model11	85	340

表 9-4　损伤程度为 70%状态下的带载水平调整系数 η_3 分析样本汇总表

序号	梁号（模型编号）	带载水平/%	极限承载力/kN
1	Model12	0	365
2	Model13	10	364
3	Model14	20	364
4	Model15	30	362
5	Model16	40	360
6	B20	50	328
7	Model17	50	327
8	B19	60	290
9	Model18	60	289
10	B21	70	275
11	Model19	70	274
12	Model20	75	270
13	Model21	80	266
14	Model22	85	260

采用 MATLAB 的遗传算法模块中的轮盘赌选择法计算选择概率，各组进行寻优。搜索过程如图 9-6～图 9-9 所示，适应度的最终值分别为 0.80773、0.50257、0.44435、0.47087，说明构造的计算适应度的公式可以较好地逼近样本数据，满足收敛精度要求。

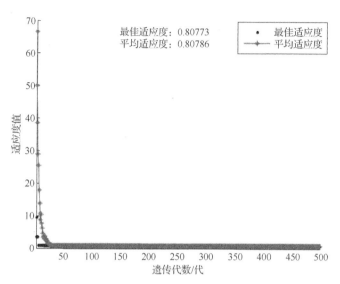

图 9-6　损伤程度大于 70%时梁的适应度函数变化曲线

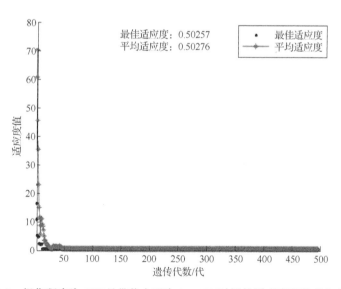

图 9-7　损伤程度为 70%且带载水平为 0～40%时梁的适应度函数变化曲线

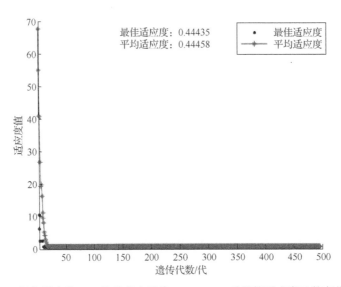

图 9-8　损伤程度为 70% 且带载水平为 40%～70% 时梁的适应度函数变化曲线

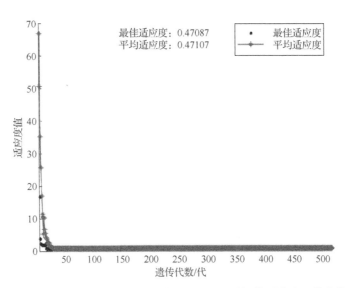

图 9-9　损伤程度为 70% 且带载水平为 70%～85% 时梁的适应度函数变化曲线

经遗传-回归算法计算得出不同带载水平和损伤程度区间的调整系数，见表 9-5。当损伤程度在 50% 以下时，视为对加固梁抗剪承载力无影响，损伤程度调整系数 η_2 取 1.0；当损伤程度在 50%～70% 时，损伤程度调整系数 η_2 取 0.9；当损伤程度在 70% 以上时，损伤程度调整系数 η_2 取 0.8；损伤程度为 70% 状态下，当带载水平在 50% 以下时，η_3 取 1.0；当带载水平在 50%～70% 时，η_3 取 0.8；当带载水平在 70% 以上时，η_3 取 0.85。

表 9-5　带载水平和损伤程度的区间系数列表

影响因素	损伤程度/%		
	0～50	50～70	70～85
裸梁状态下损伤程度调整系数 η_2	1.0	0.9	0.8
影响因素	带载水平/%		
	0～40	40～70	70～85
损伤程度为70%状态下的带载水平调整系数 η_3	1.0	0.8	0.85

9.4　算法验证

9.4.1　遗传算法结果的可靠性分析

为分析遗传算法确定的损伤程度调整系数和带载水平调整系数的可靠性，假定带载水平与损伤程度是独立的，互不影响。对各损伤程度组及各带载水平组的样本进行统计分析，取统计均值加 2 倍的方差作为统计分析结果，统计结果的置信度达 95%。分析结果见表 9-6。结果表明，遗传算法确定的损伤程度调整系数、带载水平调整系数与统计法确定的 95%置信度值十分接近，且等于或略大于统计结果，说明遗传算法确定的损伤程度调整系数和带载水平调整系数是安全可行的。

表 9-6　遗传算法与统计分析结果对比表

影响因素	损伤程度/%					
	0～50		50～70		70～85	
裸梁状态下损伤程度调整系数 η_2	遗传	统计	遗传	统计	遗传	统计
	1.0	0.99	0.9	0.88	0.88	0.87
影响因素	带载水平/%					
	0～40		40～70		70～85	
损伤程度为70%状态下的带载水平调整系数 η_3	遗传	统计	遗传	统计	遗传	统计
	1.0	1.0	0.87	0.82	0.85	0.73

9.4.2　遗传算法的实梁验证

为进一步验证理论公式的精度，将通过遗传算法获得的考虑损伤程度和带载水平条件下的计算模型的计算结果与加固梁静载试验的试验结果进行对比分析，为确保两组数据对比的严密性，所选加固梁试验结果均未参与遗传算法分析过程。对比分析结果见表 9-7。

表 9-7　桁架–拱模型计算结果与试验承载力结果对比表

梁编号	带载水平和损伤程度/%	试验结果 V_e/kN	公式模型计算结果 V/kN	V/V_e
B3	70（卸载）	380.89	386.06	1.01
B4	70（卸载）	414.75	394.10	0.95
B8	70（卸载）	414.93	386.06	0.93
B9	70（卸载）	406.28	386.06	0.95
B13	50（卸载）	328.64	389.28	1.18
B15	60（卸载）	351.57	373.57	1.06
B10	70（卸载）	359.21	370.14	1.03
B14	80（卸载）	374.50	374.57	1.00
B20	50（不卸载）	305.71	350.16	1.15
B19	60（不卸载）	290.43	324.58	1.12
B21	70（不卸载）	275.14	321.21	1.17
平均值				1.05
均方差				0.008

采用桁架–拱模型的计算结果与试验对比的平均值和均方差分别是 1.05、0.008，证明采用桁架–拱模型的计算结果更加接近于试验结果，计算结果的离散状态较好，能够更好地预测体外预应力钢丝绳的加固效果。

9.5　本章小结

本章利用遗传–回归法基于桁架–拱计算模型，讨论了体外预应力钢丝绳加固 RC 梁的抗剪承载力计算方法，运用统计分析法确定了体外钢丝绳的强度发挥系数 η_1，运用遗传算法确定了 RC 梁的损伤程度调整系数 η_2 和带载水平调整系数 η_3，经与试验结果比较，具有较好的计算精度。

参 考 文 献

[1] 黄巍. 体外预应力钢丝绳加固 RC 梁受剪性能的研究[D]. 哈尔滨：东北林业大学，2014.

[2] 刘山洪，刘毅. 桥梁病害种类及处理方法[J]. 重庆交通大学学报（自然科学版），2008，27（2）：902-905.

[3] GUO Y L, ZHAO S Y, DOU C. Out-of-plane elastic buckling behavior of hinged planar truss arch with lateral bracings[J]. Journal of constructional steel research, 2014(95): 290-299.

[4] JIN C. Optimum design of steel truss arch bridges using a hybrid genetic algorithm[J]. Journal of constructional steel research, 2010, 66(8-9): 1011-1017.

[5] DEDE T, AYVAZ Y. Nonlinear analysis of reinforced concrete beam with/without tension stiffening effect[J]. Materials and design, 2009, 30(9): 3846-3851.

[6] YU T L, HMA H K, LI X Y, et al. The ultimate shear bearing capacity of RC beam strengthened with SWR external prestressing under dead load level when strengthening[J]. Advanced materials research, 2011(368-373): 2175-2179.

[7] YU T L, TIAN L L, MA Q. The shear resistant effect of RC beam strengthened with SWR external prestressing under dead load level when strengthening[J]. Advanced materials research, 2011(243-249): 5576-5581.

[8] 于天来，李海生，黄巍，等. 预应力钢丝绳加固钢筋混凝土梁桥抗剪性能[J]. 吉林大学学报（工学版），2019，49（4）：1134-1143.

[9] 梁兴文，叶艳霞. 混凝土结构非线性分析[M]. 北京：中国建筑工业出版社，2007.

[10] 江见鲸. 钢筋混凝土结构非线性有限元分析[M]. 西安：陕西科学技术出版社，1994.

[11] 吕西林，金国芳，吴晓涵. 钢筋混凝土结构非线性有限元理论与应用[M]. 上海：同济大学出版社，1999.

[12] 王勖成，邵敏. 有限单元法基本原理和数值方法[M]. 北京：清华大学出版社，2000.

[13] DARWIN D, SCORDELIS A C. Finite element analysis of reinforced concrete beam[J]. ACI journal, 1967, 64(3): 152-163.

[14] 王新敏. ANSYS 工程结构数值分析[M]. 北京：人民交通出版社，2007.

[15] 李庆斌. 混凝土断裂损伤力学[M]. 北京：科学出版社，2017.

[16] HASANÇEBI O, DUMLUPINAR T. Detailed load rating analyses of bridge populations using nonlinear finite element models and artificial neural networks[J]. Computers and structures, 2013(128): 48-63.

[17] 陈国良. 遗传算法及其应用[M]. 北京：人民邮电出版社，1996：142-151.

[18] BATES D M, WATTS D G. 非线性回归分析及其应用[M]. 韦博成，万方焕，朱宏图，译. 北京：中国统计出版社，1997.

[19] 汤迎红，刘忠伟. MATLAB 基础知识及工程应用[M]. 北京：国防工业出版社，2014：137-151.

[20] 贾平一，李延涛，王立军. 基于桁架拱模型的抗剪承载力计算方法[J]. 河北建筑工程学院学报，2001，19（1）：7-9.

[21] 于天来，黄巍. 基于遗传算法的体外预应力钢丝绳加固 RC 梁抗剪承载力计算方法[J]. 公路交通科技，2015，32（10）：82-90.